電影食堂

飯島奈美

楊明綺 譯

作
者
序

我偏愛描繪日常生活的電影,尤其是餐桌的場景。
無奈每次想看個仔細時,場景卻瞬間而過,
雖然那些美食佳餚令人印象深刻、垂涎三尺,卻總是不曉得作法。
相信不少人都有這種感觸吧!
真想讓時間暫時停止。

2007 年 8 月,
我開始在週刊《AERA》連載「電影食堂」,
回味一些我最喜歡的場景。
當身為料理設計師的我,負責製作電影中的料理時,
總是會跟自己說:
「因為看腳本給我這樣的感覺,所以才發想出適合這個場景的料理。」
根據角色的性別、個性、出身地、季節與場所、狀況等因素,
發想料理與餐具。

希望電影中出現的料理和小道具,能讓人感受到我的用心。
讓欣賞電影的粉絲們不會有格格不入的感覺,
所以我會盡量貼近電影想傳達的意念來設計菜色。

讓喜歡電影,卻對料理一竅不通的人,
也會產生想動手做菜的欲望,
盡量整理出輕鬆入門的食譜與大家分享,
這就是我寫這本書的初衷。

透過本書,能讓大家看得愉快,吃得開心,
就是我最大的榮幸。

目錄

03

幸福用餐時光
讓人充滿活力的場景

04
與家人共享美食
最想和摯愛分享的美味料理

本書使用方式

◎食譜以每個家庭容易烹調的分量為基礎。

◎計量單位：1 杯＝ 200ml、1 大匙＝ 15ml、1 小匙＝ 5ml

◎微波爐的加熱時間是以 600W 的機種為基準，但因機種異同而有些許落差，請視狀況斟酌烹調。

◎烤箱的燒烤時間與溫度，會因機種、用電及瓦斯而有所異同，請參考食譜，並視狀況斟酌烹調。

部分食譜可在週刊《AERA》的網頁「AERA-net」上確認製作方式的動畫。
http://www.aera-net.jp/

01

戀戀和風百味

五味雜陳的人生滋味

很適合用來招待臨時來訪的賓客。只要利用手邊現成的材料，加上蝦子、鹹鮭魚子等食材，便成了一道豪華料理。

樂活俱樂部

濱田民宿散壽司

● 導演 _ 荻上直子
編劇 _ 荻上直子
演員 _ 小林聰美、加瀨亮、市川實日子

帶著一份手繪地圖來到春風吹拂的南國小島觀光的女子，踏進了一家名為「濱田」的民宿，這裡有一群奇特的人和一個料理手藝非凡的民宿老闆。就在女子隨著此地奇妙有趣的人事物而敞開胸懷之時，假期卻也接近尾聲了……

材料（4 人份）

米……3 杯
米酒……2 大匙
昆布……1 片（5cm 長）
清水……2 杯
胡蘿蔔……1/2 條（中型）
蓮藕……1/2 節
乾香菇……4 朵
乾瓢……15g
豆皮……1 片
高湯與乾香菇水……2 杯
酒、砂糖……各 1 又 1/2 大匙
醬油……2 大匙

調製好的醋
醋……4 大匙
砂糖……3 大匙
鹽……2 小匙

配菜
雞蛋……2 顆
太白粉、鹽……少許
款冬……2 株
高湯……1 杯
蓮藕……1/2 節
醋……2 大匙
水……1/2 杯
砂糖……1 大匙
豌豆莢……10 片
甜醋薑……適量

作法

❶ 2 顆雞蛋拌開後加入少許太白粉、鹽水，充分攪拌。起油鍋小火煎成薄蛋皮，冷卻後切絲備用。

❷ 款冬洗淨略燙後去除外層粗纖維，切段 5cm，再加少許鹽和 1 杯高湯，略煮；蓮藕洗淨後去皮切薄片汆燙，加入 2 大匙醋、1/2 杯水、1 大匙砂糖、少許鹽，略醃；豌豆莢用鹽水煮過。以上皆起鍋備用。

❸ 米洗淨泡水 20 分鐘，以篩網瀝乾後倒入電鍋，加入米酒、昆布與清水後開始炊煮。

❹ 紅蘿蔔、蓮藕洗淨後切成扇形；乾香菇用水泡發；乾瓢泡水後鹽洗；豆皮去油後切絲。鍋內放入以上材料，倒入高湯與乾香菇水，中火煮 15～20 分鐘，直至湯汁收乾。

❺ 米飯上淋上調製好的醋，用飯勺以切的方式充分攪拌後，用扇子搧涼。

❻ 將❹與❺充分拌勻後裝盤，撒上蛋絲、甜醋薑和❷的配菜即可上桌。

帥哥西裝

拿坡里蛋

● 導演 _ 英勉
　編劇 _ 鈴木收
　演員 _ 塚地武雄、北川景子、谷原章介

曾留學義大利的一流廚師、心地善良卻其貌不揚的大木琢郎，因母親過世而接下平民定食店「心屋」。某天為了參加朋友婚禮而購買西裝，卻意外發現這是套穿上能變帥的「帥哥西裝」，甚至成為萬人迷模特兒光山杏仁，從此過著雙面生活。然而，外表真能代表一切嗎？

充滿拿坡里風味的菜餚，搭配荷包蛋，令人垂涎三尺！因為電影情節的背景是食堂，所以當初拍攝時一共設計了二十六道男性朋友喜歡的美食。

材料（2 人份）
小熱狗……4 條
青椒……2 個
洋蔥……1/4 個
蘑菇罐頭……1 小罐
奶油……1 大匙
番茄醬、清水……各 3 大匙
鹽、胡椒……適量
雞蛋……4 顆

作法
1. 小熱狗縱向對半切開，表面再斜切幾刀；青椒、洋蔥洗淨後切絲；蘑菇瀝乾罐頭湯汁，備用。
2. 起鍋放入奶油，中火炒小熱狗和洋蔥，再加入蘑菇、青椒同炒。
3. 將事先拌勻的番茄醬和清水倒入②後撒鹽、胡椒調味。
4. 另起油鍋煎兩顆半熟荷包蛋，與③一起裝盤即可。

想炸出皮脆肉嫩、美味多汁的日式炸雞塊，祕訣就在於下鍋炸兩次。

南極料理人
日式炸雞塊

● 導演 _ 沖田修一
編劇 _ 沖田修一、西村淳
演員 _ 堺雅人、高良健吾、生瀨勝久、西田尚美

為了幫單身赴任到 -54℃的南極基地埋首研究工作的探險隊員們打氣，負責伙食的廚師西村淳使出渾身解數，在酷寒的極地環境做出一道道溫暖人心的美味料理。但想起遠在日本的家中妻子、女兒和剛出生的兒子，仍然會有想哭的衝動。在嚴寒中有笑有淚的日子裡，美味可口的料理為人們帶來幹勁。

材料（4 人份）
雞胸肉⋯⋯500g
雞蛋⋯⋯1 顆
低筋麵粉⋯⋯1 大匙
太白粉⋯⋯3 大匙
炸油⋯⋯適量
醃料
米酒、醬油⋯⋯各 1 大匙
砂糖、鹽⋯⋯各 1/2 小匙
薑汁⋯⋯1/2 大匙

作法
❶去除雞肉多餘油脂，切成適合入口的大小。
❷雞肉與醃料放入圓缽或塑膠袋裡，略為搓揉後靜置醃漬約 15 ~ 30 分鐘，使其充分入味。
❸雞蛋拌開後加入②，再加入低筋麵粉、太白粉，充分拌勻。
❹起油鍋，熱油至 170℃，放入③先炸 3 分鐘後撈起靜置約 5 分鐘。
❺炸油加熱至 180℃後，將④回鍋炸 2 ~ 3 分鐘即可。

維榮之妻～
櫻桃與蒲公英

燉牛雜

- 導演 _ 根岸吉太郎
  編劇 _ 田中陽造
  演員 _ 松隆子、淺野忠信、廣末涼子、妻夫木聰

終日酗酒、四處借錢、拈花惹草的小說家大谷的妻子佐知，為了代夫償債，只好到居酒屋打工，但樂觀的她不但馬上適應了工作，還越加散發出耀眼風韻。相對大谷灰暗的人生，熱情、正面的佐知能繼續堅強面對、無條件包容嗎？

材料（4 人份）

熟牛雜……800g（須事先解凍）
蒟蒻……1 塊　薑……1 小塊
蒜頭……2 顆　青蔥……適量
清水……1.2L　米酒……3/4 杯
砂糖……2～3 大匙
信州味噌、紅味噌……共 5 大匙
味醂……1 大匙　醬油……1 小匙

作法

1. 熟牛雜過沸水後迅速撈起瀝乾、洗淨。
2. 蒟蒻用湯匙分割成一口大小，下鍋汆燙後撈起。薑洗淨後切薄片；蒜頭拍碎；青蔥切粒。
3. 將①倒進加了 1.2L 清水的鍋中，放入酒、薑片、蒜頭燉煮；若水不夠，可再加點水。邊燉煮邊撈除浮沫和油脂，共煮 60～90 分鐘。
4. 蒟蒻倒入③中，分兩次加入砂糖和味噌後攪拌均勻，續燉約 60 分鐘。依個人口味，煮至牛雜軟爛後再淋上味醂和醬油，略為燉煮即可關火。
5. 盛盤後撒些蔥粒即可食用。

肉店和超市就能買到現成熟牛雜。當初電影拍攝時為了瞭解戰後日本家庭料理與居酒屋的下酒菜，我還特地跑到圖書館和居酒屋老店研究。

筑前煮是日本九州的傳統節慶料理，帶骨雞胸肉加上各式蔬菜一起燉煮，是許多日本家庭中的招牌菜色。

東京鐵塔～
老媽和我，有時還有老爸
筑前煮

● 導演 _ 松岡錠司
編劇 _ 松尾鈴木
演員 _ 小田切讓、松隆子、樹木希林、小林薫

個性懶散的雅也，三歲開始就由廚藝超好的母親獨自扶養長大。為了生計，在小吃店辛勞工作的母親雖然忙碌卻總是透過滿桌的家鄉料理，緊緊兩人的感情。長大後的雅也歷經了留級、畢業、失業……心裡卻很清楚總會有個默默支持著自己的老媽。然而十五年後有機會再同住，卻是老媽得了胃癌之後……

材料（4人份）
帶骨雞腿肉……400g　乾香菇……6朵
牛蒡、紅蘿蔔……1條
蓮藕……1節　水煮筍……1條
蒟蒻……1/2塊　芋頭……6個
昆布……1片（10cm長）
米酒……1/2杯　味醂……2大匙
砂糖、醬油……各4大匙

作法
❶ 雞腿肉略沖後切塊備用。
❷ 乾香菇用水泡發，去蒂對切。香菇水加點水，湊成3杯半。
❸ 牛蒡去皮斜切、蓮藕切塊，燙熟；紅蘿蔔與芋頭去皮切塊；竹筍、蒟蒻切成易入口大小，下鍋汆燙後撈起。
❹ 起鍋放入雞肉塊、香菇水和昆布，加清水淹過雞肉，中火煮沸後撈起昆布。
❺ 加入米酒與味醂各1大匙、砂糖與醬油各2大匙。除芋頭外，其他食材全部放入鍋中，蓋上鍋蓋，中火燜煮15分鐘。
❻ 放入芋頭塊，加入剩下的味醂、砂糖和醬油。拌勻後蓋上鍋蓋續燜10分鐘。
❼ 打開鍋蓋，煮至收汁即可。

幸福便當

海苔便當

● 導演 _ 緒方明
編劇 _ 入江喜和、鈴木卓爾
演員 _ 小西真奈美、岡田義德、岸部一德

失業窮困的三十一歲少婦小卷，帶著女兒離
開米蟲老公回到位於下町的娘家展開新生
活。沒想到一無所長的她為女兒做的海苔便
當竟意外搏得好評，讓她興起開便當店的念
頭。但高中情人的意外出現、老公的死纏濫
打，卻讓她原本逐漸步上軌道的生活，變得
五味雜陳了起來。

利用晚餐剩菜也能做出好看、好吃又
營養的便當。這部電影裡還設計一些
像是京都柴漬炒飯等簡單好做的料
理。

材料（1 人份）
白飯……一個便當的分量
紅藻、海苔、醬油……適量
配菜
雞蛋……1 顆　菠菜……1/3 把
醬油、砂糖、鹽……少許
白芝麻……1 大匙
白蘿蔔……1/4 條（中型）
小魚乾……20g　味醂……1 小匙
醬油……1 大匙　高湯……3/4 杯

作法
❶ 打 1 顆蛋，加入少許砂糖和鹽，充分
拌勻。起油鍋，小火邊煎邊攪拌，炒
熟成蛋鬆。
❷ 菠菜洗淨汆燙後瀝乾，切成 1.5cm 長。
加入少許砂糖和醬油，並加入白芝麻
拌勻備用。
❸ 白蘿蔔洗淨後去皮切片泡水，瀝乾後
切成適合入口的大小。放入平底鍋熱
油拌炒。加入小魚乾、味醂、醬油、
高湯，轉中火煮至收汁後起鍋備用。
❹ 將 1/3 的白飯與❸拌勻；1/3 白飯與
紅藻拌勻。與另 1/3 白飯放入便當盒，
鋪上❶❷與海苔片，淋點醬油即可。

依香蕉種類和熟成度，油炸的情況也不盡相同。建議最好先試炸一塊，如果很快就炸好，就用 160 ～ 165℃ 的油炸 2 ～ 3 分鐘即可。

南國樂活之宿
炸香蕉

🔴 導演 _ 大森美香
編劇 _ 大森美香
演員 _ 小林聰美・加瀨亮

四年前，離開母親與女兒伽奈身邊，京子來到泰國清邁郊外開設民宿。如今，大學畢業的伽奈為了見母親，突然飄洋過海來到清邁。看著日夜思念的母親在異鄉與同事市尾和諧地談笑風生，伽奈困惑糾結的心情油然而生。在溫暖的南國，周圍可愛人們，緩和了這對長期分隔兩地的母女之間糾結難解的心結。

材料（2 人份）
香蕉…… 2、3 根
炸油……適量
麵衣
低筋麵粉、砂糖……各 1 又 1/2 大匙
糯米粉……3 大匙
鹽、泡打粉……各 1/3 小匙
白芝麻……1 小匙
椰子肉乾條……50g
椰奶……3/4 杯

作法
❶香蕉去皮後切成四等分。
❷將麵衣材料放入圓缽中充分攪拌，靜置 5 分鐘後放入香蕉，均勻沾裹麵衣。
❸起油鍋以 140 ～ 150℃的低溫油，油炸香蕉 7 ～ 10 分鐘。待表面變色後，再加熱至 160℃續炸至表面焦黃後撈起，瀝乾油即可。

這是我以料理設計師的身分參與拍攝的第一部電影。芬蘭的肉桂捲是以蘋果醬取代奶油和砂糖，雖然看起來是漩渦狀的圓形，其實肉桂捲有很多種口味和形狀。

海鷗食堂

肉桂捲

- 導演 _ 荻上直子
  編劇 _ 荻上直子
  演員 _ 小林聰美

風景如畫的芬蘭首都赫爾辛基,有一間由日本人開設的日式小館「海鷗食堂」。老闆是一位中年日本女性幸江,也身兼店內廚師,烹調道地日本美食。只是這家食堂雖然吸引不少路人進門,卻總是無法留住客人坐下來用餐。有一天,來自日本的小綠和正子出現在食堂,為北國小鎮的平靜日子帶來陣陣漣漪。

材料(8 人份)
高筋麵粉……300g
牛奶……100cc
奶油……40g
雞蛋……1/2 顆
糖霜……適量
荳蔻……1/2 小匙
乾酵母……4g
(或生酵母……8g)
白砂糖……75g
雞蛋……1/2 顆
融化的奶油……15g
白砂糖……30g
肉桂粉……適量

作法
❶荳蔻去皮後,挖出裡面黑色顆粒。荳蔻、酵母、白砂糖、1/2 雞蛋拌勻。
❷牛奶加熱至 40℃後加入①中繼續攪拌,接著將高筋麵粉分二、三次加入後用手揉製。
❸奶油放在室溫下先融化後分二、三次加入②,繼續用手揉製。待表面變光滑後,放進圓缽,覆上保鮮膜,靜置在溫暖處約 40～60 分鐘,進行第一次發酵成兩倍大。
❹將發酵後的③放在撒了麵粉的工作台上,用手按壓,擠出麵糰中的空氣,再用擀麵棍擀開成長約 30cm,橫約40cm 的片狀。
❺融化的奶油塗在麵糰上(避開中心點3～4cm),撒上白砂糖和肉桂粉後向上捲起,將餡料包覆在裡面,兩端捏緊。
❻麵糰左右斜切成八等分的梯形。切妥的麵糰較長的那邊朝下,用沾了高筋麵粉的雙手小指往中間壓。
❼麵糰排放在舖了烘焙紙的烤盤上,蓋上溼布,靜置溫暖處約 20 分鐘,進行第二次發酵。
❽雞蛋拌開後塗在麵糰表面,撒上糖霜。放進預熱到 180℃的烤箱中,烘焙 6分鐘。裡外對調烤盤,再烘焙 5 分鐘即可。

海鷗食堂

飯糰

● 導演 _ 荻上直子
編劇 _ 荻上直子
演員 _ 小林聰美

一間位於芬蘭街角小食堂的美味招牌菜，就是日本女老闆用心捏製出來的飯糰。只是這家食堂雖然吸引不少路人進門，卻總是無法留住客人坐下來用餐。老闆沙樹希望以簡單卻讓人感到溫暖的傳統料理留住客人的心，可惜事與願違，食堂總是門可羅雀……

材料（4人份）
米、清水……各3杯
海苔片……適量
熟鹹鮭魚……1片
醃梅子……適量
柴魚片……1包（50g袋裝）
醬油……1小匙
鹽……適量

作法
❶米洗淨後泡水20分鐘；以篩網瀝乾水分。將米與清水倒入鍋中開中火煮（也可用電鍋炊煮）。待煮沸後，轉小火，續煮約12〜13分鐘。待水分收乾，轉大火烹煮20秒後，關火燜蒸約10分鐘。

❷熟鹹鮭魚去骨弄碎；醃梅子去籽；柴魚片加點醬油混合。

❸手掌沾點水與鹽，抓起約一碗飯的飯量置於手心，將②的餡料塞入中間凹處，捏製飯糰。一開始要用力捏個二、三次再輕握成型，最後包上海苔片。

02

隨著料理遊世界

品嚐來自世界各國的美食

王的男人

炸什錦

導演 _ 李俊益
編劇 _ 崔石煥
演員 _ 李準基、甘宇成、鄭鎮榮、姜成妍

十六世紀兩位身為賤民的雜耍藝人張生、孔吉因緣際會受邀至韓國王宮表演。孔吉所扮演的男扮女裝遊藝人備受當時的國王、殘酷的燕山君寵愛，兩人與王之間也產生了複雜的情感糾葛，並捲進了宮廷內無止盡的權力鬥爭中……

材料（2人份）
鱈魚……2 片
櫛瓜……1/2 條
雞蛋……2 顆
鹽、胡椒粉……各少許
低筋麵粉、麻油……各適量
醬汁
醬油……2 大匙
白芝麻……1 小匙
醋……1 大匙
砂糖……少許
蔥花、辣椒粉……各適量

作法
❶ 醬汁材料放入圓缽中攪拌均勻。
❷ 鱈魚洗淨後去皮，切成適合入口的大小；櫛瓜洗淨後去皮切片，撒上鹽和胡椒略醃。
❸ 將②薄薄裹上麵粉，再淋上加了些許鹽的蛋液。
❹ 鍋熱麻油，放入③，兩面煎熟。食用時淋上①的醬汁即可。

可以另外起鍋中火熱麻油炒蒜泥，並倒入米、雞胸肉和水燜煮，做成爽口的韓風粥，搭配炸什錦食用，非常順口又有飽足感。

利用啤酒的碳酸成分，可以炸出酥脆口感。剩下的麵衣還可以用來炸蝦、炸花枝、蔬菜，也很美味喔！

來信情緣

炸魚與薯條

導演 _ 桑娜・歐亞芭
編劇 _ 安德莉亞・吉柏
演員 _ 艾蜜莉・莫特、傑瑞德・巴特勒

九歲的法蘭克是個失去聽力與父親的小男孩，母親為了彌補他，編出爸爸是個長年在外的船員，平時只能靠書信聯絡的善意謊言。麗琪扮演一位實際上不存在的父親，持續跟自己的孩子以書信互動往來，甚至跟著孩子開心地與「虛擬爸爸」一起吃著炸魚與薯條……

材料（4 人份）
白肉魚……半條
馬鈴薯……6 個
炸油、鹽、胡椒、檸檬汁或醋……各適量
麵衣
低筋麵粉……1 杯
鹽……1/4 小匙　啤酒……3/4 杯

作法

❶ 麵衣材料中的低筋麵粉與鹽倒入圓缽，再慢慢加入啤酒，用打蛋器充分攪拌後放進冰箱靜置 30 分鐘。

❷ 帶皮馬鈴薯洗淨切片，稍微浸泡清水，再用紙巾吸乾表面水分，用 160℃的熱油，炸到表面變色後，轉大火炸至酥脆。起鍋後瀝乾油，撒些鹽。

❸ 白肉魚切條狀，瀝乾水分後撒些鹽和胡椒，沾上適量低筋麵粉，用竹籤串好後裹上麵衣。

❹ 用 180℃的油將❸炸 4 ～ 5 分鐘，直至表面有點焦黃即可。食用時可加點鹽、胡椒和檸檬汁。

韓國的冬粉是用地瓜粉做的,口感比較滑溜,也比較粗。汆燙之後瀝乾,加點調味料拌一拌,非常容易入味。

總統的理髮師

韓式炒冬粉

導演 _ 林振生
編劇 _ 林振生、張珉石
演員 _ 宋康昊、文素利

一位平凡的理髮師，只因在南韓總統府青瓦台旁開了理髮店而改變一生。偶然間發生的「捉間諜」事件，使理髮師成為「模範市民代表」，更意外成了總統的專屬理髮師，也改變了兒子的命運。華麗的官邸與小老百姓的無奈，成了最鮮明的對比。

材料（4人份）
牛腹胸肉……150g
紅蘿蔔……1/3 條
豌豆莢……10 片
紅椒……1 個
香菇……2 朵
洋蔥……1/2 顆
冬粉……100g
鹽、太白粉、胡椒……各少許
胡麻油、白芝麻、雞蛋……各適量
醃料
酒、味醂、砂糖、胡麻油……各 1 大匙
醬油……2 又 1/2 大匙
蒜頭……1/2 顆

作法
❶ 雞蛋拌開後加入少許太白粉、鹽水，充分攪拌。起油鍋小火煎成薄蛋皮，靜置冷卻後切絲備用。

❷ 蒜頭去皮切成末，加入其他醃料後充分混合備用。

❸ 牛肉切成 1cm 寬的長型薄片，用調好的②略醃；將紅蘿蔔、豌豆莢、紅椒、香菇、洋蔥切絲；冬粉汆燙之後瀝乾，切成適合入口的長度。

❹ 除了香菇，其他蔬菜倒入熱好的油鍋中拌炒，加些鹽、胡椒調味後，先起鍋。接著炒香菇和醃好的肉片，最後倒入冬粉，邊炒邊收汁。關火之後，再倒入蔬菜拌炒一下即可。

❺ 起鍋裝盤。撒些白芝麻提味，再撒上蛋絲。

飲食男女

蔬菜蟹肉羹

🏴 導演 _ 李安
編劇 _ 李安、王蕙玲、詹姆士·沙姆斯
演員 _ 郎雄、歸亞蕾、楊貴媚、吳倩蓮、王渝文

知名大廚朱老先生有三個待字閨中的女兒。
為了每星期一次的家族聚餐，他總是大費周
章準備，但往往不歡而散。鄰居從美國回台
的梁老太太看上了朱老先生。此時每個人的
生活都起了變化……

材料（2 人份）
青江菜……3 把　生薑……2 片
玉米筍……6 條　蛋白……1 顆
蟹肉（罐頭亦可）……70g
太白粉……1/2 大匙
油、麻油……各 1/2 小匙
調味料
水（或雞骨高湯）……1 杯
酒……1 大匙
鹽……1/2 小匙
胡椒……少許

作法
❶ 青江菜洗淨後切成適合入口的長度；
　生薑一片洗淨後切絲；玉米筍洗淨；
　調味料攪拌均勻，備用。
❷ 煮一鍋熱水加入 1/2 大匙鹽和 1 小匙
　油，汆燙青江菜和玉米筍，煮熟後撈
　起瀝乾。
❸ 起油鍋爆香另一薑片，再放入蟹肉拌
　炒，淋上預先拌好的調味料。
❹ 太白粉加 1 大匙清水做成太白粉水後
　倒入③勾芡，再淋上攪拌好的蛋白同
　煮，最後淋上麻油。
❺ 薑絲與②裝盤後淋上④即可。

可以用干貝代替蟹肉，或是加些紅蘿
蔔、花椰菜也很美味。剩下的蛋黃還
可以用來另做好吃的蛋炒飯。

還可依個人喜好，加些萊姆汁和魚露調味。

早安，越南

雞肉丸河粉

🇺🇸 導演 _ 巴瑞·李文森
編劇 _ 米奇·馬科維茲
演員 _ 羅賓·威廉斯、佛瑞斯·惠特克

美國空軍一等兵艾德倫‧康納從地中海克里特島的美軍基地被派到南越首都西貢，擔任駐越美軍西貢電台的 DJ。這位被暱稱為「西貢」的人氣 DJ 深受士兵歡迎，卻被台內的長官視為眼中釘。本片用不同於士兵的觀點，闡述反戰精神。

材料（2 人份）
河粉……100g
米酒……1 大匙　鹽……少許
豆芽菜、香菜、萊姆、魚露……各適量

高湯料
雞腿肉……1/2 片　清水……4 杯
鹽……1 又 1/2 小匙
生薑……1/2 片

雞肉丸
雞絞肉……100g　洋蔥……1/6 顆
蒜頭……半顆　鹽……1 小匙
太白粉……1/2 大匙

作法
❶河粉燙熟；洋蔥去皮切絲；蒜頭去皮切末，備用。
❷高湯料中火熬煮，撈除浮沫後轉小火續煮 7～8 分鐘。
❸雞肉丸材料揉捏成六等分。
❹從②取出雞腿肉，切成薄片。將③放入②中，加入米酒、鹽調味，加入豆芽菜續煮。
❺燙熟的河粉、④的雞肉裝碗，淋上④，撒點香菜即可。

食材為帶骨的豬肋排。雖然豬肋排耐燉煮，但重新溫熱時，記得開小火，避免肉質變硬。

等待幸福

燉豬肋排

● 導演 _ 中井庸友
編劇 _ 大島里美
演員 _ 玉山鐵二、麻衣子、勝地涼

「CAFU」是沖繩古語，「幸福」的意思。在離島經營商店的年輕男子帶著一隻名叫「CAFU」的黑色拉不拉多犬。一天，離島出現了一個為遠離悲傷來到他鄉的美麗女子，因為廟裡的繪馬而開啟一場不可思議的緣分……

材料（4人份）
豬肋排……800g
白蘿蔔……半條（約 15cm）
昆布……1 張（長約 15cm）

調味料
米酒……1/2 杯
味醂……2 大匙
砂糖……3～4 大匙
醬油……5 大匙

作法
❶ 用熱水汆燙豬肋排後，放到篩網上瀝乾，再用清水清洗乾淨，備用。
❷ 白蘿蔔洗淨後去皮橫切半，再縱切成四等分，用竹籤串起汆燙後備用；昆布先泡水，泡發後切成適當寬度，打結備用。
❸ 鍋中加水淹過豬肋排後，開中火邊撈掉浮沫邊燉煮 60 分鐘。記得適時加水，讓豬肋排完全浸泡在水中。
❹ 將 7 杯③的湯汁、豬肋排、白蘿蔔、昆布與一半的調味料，倒入另一個鍋子，蓋上鍋蓋，小火燉煮 30 分鐘。然後加入剩下的一半調味料，再燉煮 30～60 分鐘即可。

木槿飯店

炒什錦

- 導演 _ 中江裕司
  編劇 _ 中江素子、中江裕司
  演員 _ 藏下穗波、余貴美子、西田尚美

座落在烈陽下的一間沖繩小飯店，除了活潑的老闆娘和她的溫馨大家庭之外，還有一些常來捧場的熟客。有一天住在飯店裡的小學生美惠子放學回家時，遇到了倒在路邊的年輕人。於是她把年輕人帶了回家……

材料（4 人份）

火腿罐頭肉片……100g
高麗菜……1/6 顆　洋蔥……1/2 個
紅蘿蔔……1/3 條　豆芽菜……1/2 袋
韭菜……1/2 束　油……2 大匙
沖繩車麩……1 條（23g）
醬油……1 小匙　鹽……1/2 小匙
胡椒、柴魚片……各少許

醃料
雞蛋……2 顆　胡椒……少許
鹽……1/4 小匙

作法

❶ 紅蘿蔔洗淨去皮後與火腿罐頭肉片切成條狀；高麗菜洗淨切約 2cm 寬絲狀；洋蔥去皮切片；韭菜洗淨切段 5cm 長。

❷ 車麩泡水後扭乾，放入醃料中浸泡 3 分鐘。起油鍋拌炒後盛起備用。

❸ 同一鍋再倒入 1 大匙油，依序將火腿罐頭肉片、紅蘿蔔、洋蔥、高麗菜、豆芽菜倒入中火拌炒。

❹ 倒入②，加入韭菜，最後加入醬油、鹽、胡椒、柴魚片調味即可。

材料（4人份）
牛絞肉……400g
冷凍薯條、低筋麵粉……適量
漢堡麵包……4個
萵苣……4片　番茄……1顆
酸黃瓜……適量　油……1小匙
美乃滋……2大匙
鹽、胡椒……各少許

窈窕老爸
漢堡肉

🇺🇸 導演 _ 鄧肯·塔克
　　 編劇 _ 鄧肯·塔克
　　 演員 _ 費莉希蒂·霍夫曼·凱文·瑞格

深為性別認同煩惱的布莉，已經做了大部份變性手術，只剩最後一個手術就可以完全變成女人。但就在此時，意外得知自己有個親生兒子。於是他隱瞞自己的身分，和兒子一起踏上橫越美國之旅。

作法
❶ 起油鍋，待油熱後，大火炸薯條，直至表面呈金黃色。
❷ 牛絞肉放入圓缽中，撒少許鹽調味後輕輕揉勻。分成四等分後再略為壓平，兩面撒上少許低筋麵粉、鹽和胡椒。
❸ 起油鍋，油熱後放入②，蓋上鍋蓋中火煎1分半鐘，再翻面，不蓋鍋蓋，煎1分鐘起鍋。
❹ 另取乾淨平底鍋，漢堡麵包切口朝下略為乾煎。
❺ 漢堡麵包切口塗上美乃滋，挾上③與萵苣、番茄、酸黃瓜。依個人口味，擠些番茄醬和芥末醬即可。

證人
熱狗麵包

🇺🇸 導演 _ 彼得·威爾
編劇 _ 厄爾·W·華萊士·威廉·凱利
演員 _ 哈里遜·福特·凱莉·麥姬麗絲

一名阿米許人母親帶著年幼兒子山姆去巴爾
的摩探親，因為經過火車站廁所，目睹了一
起兇殺案而成為證人。為了追查一起殺人事
件而來到阿米許村的刑警，自此保護目擊證
人小男孩。對年幼的小男孩來說，這趟旅程
充滿新奇又驚險的體驗。

材料（2 人份）
熱狗麵包……2 個
香腸……2 條
高麗菜……2 大片
油……1 小匙
鹽、胡椒……各少許

作法
❶ 高麗菜洗淨後切粗絲瀝乾。再起油鍋
大火炒至高麗菜表面有點焦，撒少許
鹽和胡椒，迅速拌炒後，起鍋。
❷ 清除平底鍋的油汙，小火慢煎香腸。
❸ 麵包直向劃開不切斷，開口朝下，放
入鋪上烘焙紙的蒸籠，大火蒸 30 秒
後，用筷子或夾子取出。
❹ 麵包夾入高麗菜、香腸，依個人口味
再擠些番茄醬和芥末醬即可。

將高麗菜炒到稍微焦，
口感更香更脆。香腸
可以用蒸的，麵包也
可以像漢堡肉一樣用
平底鍋略煎。

若是作為晚餐菜色，建議從下午就開始醃漬雞肉，才能充分入味。拍攝時，我還用綠番茄做了油炸綠番茄這道料理。

油炸綠番茄
炸雞

 導演 _ 強·雅尼
編劇 _ 芬妮·佛萊格、卡蘿·索碧斯基
演員 _ 凱西·貝茲、傑西卡·坦迪、瑪麗·斯圖爾特·馬斯特森

陷入婚姻倦怠期的女子愛芙琳，原本只是和丈夫到養老院探望姑媽，偶然結識住在養老院的老婦人。老婦人的人生故事引起了愛芙琳的好奇心。從老婦人口中得知經營咖啡館的兩位女子，勇於面對種族歧視與家暴的友情故事。

材料（4人份）
帶骨雞腿肉……1kg　炸油……適量
醃料 A
鹽……約 1 大匙
酒……2 大匙　水……4 大匙
醃料 B
牛奶……75cc　蛋……1 顆
香料
香蒜粉……1/2 大匙
洋蔥粉、薑粉……各 1 小匙
白胡椒……1/4 小匙
黑胡椒、辣椒粉……少許
低筋、高筋麵粉……各 1/2 杯
鹽……1/2 小匙

作法
❶ 雞腿肉洗淨從關節處對切，放入裝有調勻的醃料 A 與香料的大圓缽或塑膠袋裡，充分揉捏，靜放 3 小時以上。
❷ 擦去醃製後的雞腿肉表面的水分，一一沾裹拌均的醃料 B，再沾些混入剩下香料與鹽的低筋麵粉、高筋麵粉。
❸ 熱油 160℃，雞肉下鍋炸 7 分鐘，起鍋靜置 5 分鐘。再用 180℃的炸油回鍋炸 2～3 分鐘。

伊莉莎白小鎮
墨西哥辣肉醬

🇺🇸 導演 ＿ 卡麥隆·克羅
編劇 ＿ 卡麥隆·克羅
演員 ＿ 奧蘭多·布魯、克斯汀·鄧斯特、蘇珊·莎蘭登、亞歷·鮑德溫

卓倫是一個表現亮眼的鞋子設計師，因為新產品失敗令公司嚴重虧蝕將近十億美金而丟了工作，因此回到父親的故鄉伊莉莎白小鎮生活。在踏上人生新旅程的途中，品嚐到「世界第一美味的辣肉醬」，並遇見了一個活潑的女孩，卓倫漸漸地被改變、重生……

材料（4 人份）
牛絞肉……250g
橄欖油……2 大匙
洋蔥、蒜頭……1 顆
辣椒粉……1/2 小匙
孜然粉、奧勒岡葉、紅辣椒……各適量
紅酒……1/4 杯
清水……1 杯
番茄糊、紅菜豆罐頭……1 罐
鹽……1 小匙
紫洋蔥、起司、鹹餅乾……各適量

作法
❶ 洋蔥與蒜頭洗淨後切末；紫洋蔥洗淨後切絲，備用。
❷ 平底鍋倒入橄欖油，待油熱後放入蒜末爆香，再倒入牛絞肉拌炒至表面變色，接著加入洋蔥、鹽、辣椒粉、孜然粉、奧勒岡葉、紅辣椒等香料，拌炒2～3 分鐘。
❸ 邊加入紅酒、清水、番茄糊邊攪拌。煮滾後，撈掉油渣，再加入瀝除湯汁的紅菜豆，轉小火煮 30～40 分鐘。最後加鹽調味即可。
❹ 起鍋裝盤後，點綴浸泡過的紫洋蔥絲、起司和鹹餅乾。

電影就是電影

燒肉

導演 _ 張勳
編劇 _ 金基德
演員 _ 蘇志燮、姜至奐、高昌錫、洪秀賢

想演活黑道大哥的演員厭倦老是在虛構情節
中扮演別人，想演戲的黑道大哥雖然在幫派
中前途一片看好，卻一直想擺脫打打殺殺的
日子。兩個生活背景截然不同的人，因緣際
會下同台演出。影片中的打鬥場面卻也讓兩
人產生了不同的改變，男人間的激烈競爭正
要展開！

材料（4人份）
牛五花肉片……500g
米酒、味醂……各1/4杯
砂糖……1又1/2大匙
醬油……1/2杯
生菜、紫蘇、青蔥……各適量
檸檬片……半個
醃料
蒜頭……1顆
白芝麻、麻油……各1小匙
辣椒粉……適量

作法
❶蒜頭去皮切末；檸檬切片，備用。
❷起鍋倒入米酒和味醂，小火煮至酒精
　蒸發，加入砂糖和醬油。
❸將②分成兩份：一份加入醃料，做成
　醃醬；另一份加點檸檬汁，做成沾醬。
❹牛五花肉片浸一下③的醃醬再烤。
❺食用時沾點③的沾醬，包上生菜、紫
　蘇、青蔥等蔬菜。也可依個人口味，
　沾些辣味噌。

青木瓜的滋味
炒空心菜

★ 導演 _ 陳英雄
編劇 _ 陳英雄
演員 _ 陳女燕溪、盧敏珊、張氏祿

情竇初開的十歲越南少女未，在西貢的大戶人家幫傭。男主人常常帶著家裡的財物不告而別，家裡大小事都由少奶奶一人承擔。他們之前曾經有一個女兒，在一場大病中夭折，而少女未正長得像死去的小姐，她就在這個家跟著主人家的老奶奶學了許多美味的料理，也開啟了她的人生際遇……

材料（2 人份）
空心菜……150g
豬五花肉……100g
蒜頭……1 顆
紅辣椒……1 條
油……1 大匙
魚露……1 大匙
砂糖……1 小匙
花生碎……1 大匙

作法
❶ 空心菜洗淨後切段 5cm 長；豬肉切成 3cm 大的肉塊；蒜頭切末；紅辣椒縱向對半切去籽，備用。

❷ 倒入 1/2 大匙的油熱鍋，將空心菜梗放入鍋中，再放入青菜中火拌炒後起鍋備用。

❸ 原鍋再倒入 1/2 大匙的油，放入蒜末、紅辣椒中火爆香後放入豬肉塊拌炒。

❹ 豬肉塊變色後，再倒入②，加些魚露、砂糖提味即可起鍋，最後撒些花生碎即可。

都是菲爾德的錯

西班牙海鮮飯

■■ 導演 _ 茱麗·加夫拉斯
編劇 _ 多彌蒂拉·卡拉麥、阿爾諾、凱特林
演員 _ 妮娜·凱維爾貝、茱麗·迪巴狄厄、史帝芬努·阿科西

就讀巴黎名門小學的九歲女孩安娜，原本與父母過著平靜的生活，因為父親決定從政，生活起了劇烈變化。小女孩認為這一切就代表著必須不斷地搬家、變動，她決定用自己小小的力量抵抗。在這樣的日子中，女孩初嚐的美味料理，就是新來的傭人做的西班牙海鮮飯……

材料（4人份）

米……2 杯
蛤蜊……300g
蝦子……5 隻
蒜頭……1 顆
番茄……1/2 顆
洋蔥……1/4 顆
蘑菇……3 朵
去皮青豆（生）……25g
白酒……1/4 杯
清水……2 又 1/4 杯
番紅花……少許
鹽……2/3 小匙
橄欖油……2 大匙

作法

❶ 米洗淨後瀝乾水；蛤蜊吐沙後洗淨外殼；蝦子剝除蝦頭，蝦殼留下備用，去除腸泥，蝦肉切 2cm 大小；蒜頭去皮後切末；番茄、洋蔥切小塊，蘑菇洗淨去蒂切片；青豆洗淨，備用。

❷ 蝦頭和蝦殼丟進鍋裡，邊用小火拌炒邊用木匙壓碎約 2～3 分鐘。再倒入 1/3 分量的蛤蜊，倒入白酒、清水，煮 3 分鐘後起鍋，放到篩網上過篩，取湯汁。

❸ 取一略有深度的平底鍋，倒入橄欖油中火爆香蒜末。再依序放入番茄、洋蔥、米一同拌炒。待米呈透明後，倒入約 460cc ②的湯汁，並加入番紅花、鹽，續煮 3 分鐘。

❹ 鋪上剩下的蛤蜊、蝦肉、蘑菇片、青豆，蓋上鍋蓋，中火燜煮 15～17 分鐘。聽見鍋底傳來劈啪聲即可關火，蓋著鍋蓋燜蒸 10 分鐘即可。

歡迎來到東莫村

爆米花

🇰🇷 導演 _ 朴光賢
編劇 _ 朴光賢、宋慧珍
演員 _ 鄭在詠、申河均、姜惠貞

韓戰期間，漢白山下有個名為東莫村的小村莊，村民不知道外界發生了戰爭，是個不知槍械是何物的世外桃源。一天，聯合國的美國海軍飛行員史密斯駕駛的戰機墜落於村子附近，接著為了搜索駕駛而陸續前來的外來客人們打破了村莊的寧靜……

材料（1人份）
玉米粒……50g
油……1 大匙
麻油……1 大匙
鹽……適量
香蒜粉……1/2 小匙
辣椒粉……1/2 小匙

作法
❶ 玉米粒倒入深口鍋，再倒入油、麻油、鹽，蓋上鍋蓋，開小火。
❷ 輕輕打開鍋蓋，待玉米粒全都爆成爆米花後即可關火。
❸ 端上桌時依個人口味，撒些香蒜粉和辣椒粉即可。

這部電影其中有一幕是手榴彈滾入放著馬鈴薯和穀物的小倉庫時，玉米霎時被炸開，成了爆米花的場景。這張圖片就是捕捉雙手捧著爆米花，拋向空中的瞬間。

03

隨著料理遊世界

品嚐來自世界各國的美食

克拉瑪對克拉瑪
法式土司

🇺🇸 導演 _ 羅伯特·本頓
編劇 _ 艾弗瑞·科曼、羅伯特·本頓
演員 _ 達斯汀·霍夫曼、梅莉·史翠普

妻子負氣離家，原本滿腦子只有工作的男主人只好扛起所有家事，照顧小兒子。剛開始兩人互相厭惡，但不久後卻建立起深厚的父子之情，就這樣男主人開始忽視自己的工作，甚至被炒魷魚。就在他為兒子做出總算不會烤焦的法式吐司時，已離家一年多的女主人竟然回頭來爭取兒子的監護權⋯⋯

材料（2 人份）
吐司�⋯⋯4 片
雞蛋⋯⋯2 顆
牛奶⋯⋯1 杯
砂糖⋯⋯1 大匙
奶油⋯⋯適量

作法
❶ 在圓缽中打 2 顆雞蛋，加入牛奶、砂糖，充分攪拌後，將吐司浸泡在圓缽裡。
❷ 熱鍋融化奶油，放入浸泡過蛋液的吐司，小火煎吐司，蓋上鍋蓋。待表面煎得恰到好處後再翻面，煎至表面微焦色即可。依個人口味，可淋些蜂蜜或楓糖漿。

想要做出表面煎得恰到好處，口感又鬆軟的法式吐司，並不容易。秘訣就在於以小火慢煎，蓋上鍋蓋，讓吐司平均受熱。

這道貓村小姐的炒飯，美味的祕訣就在於加了柴魚片。淋上番茄醬，加個荷包蛋，連討厭吃青菜的小孩都難以抗拒。

材料（2 人份）
白飯……2 碗
去骨沙丁魚肉碎……60g
紅蘿蔔……半條
洋蔥……1/4 顆
青椒……2 顆
油……1 又 1/2 大匙
奶油……1/2 大匙
鹽……1/2 小匙
胡椒、昆布粉……少許
柴魚片……適量

作法
1. 將紅蘿蔔、洋蔥、青椒洗淨後去皮切絲備用。
2. 起油鍋，中火熱油後略炒沙丁魚肉碎，再倒入①一起拌炒，最後加入奶油、白飯續炒至米飯粒粒分明。
3. 撒上鹽、胡椒、昆布粉調味後關火即可裝盤。
4. 柴魚片用微波爐加熱 1 分半鐘後，用手撕碎，加入飯上添味。

今日的貓村小姐
貓村小姐的炒飯

● 原書作者 _ 星余里子
中文譯者 _ 鄭維欣
出版社 _ 格林文化

有隻家事萬能，比人類還厲害的貓小姐，最得意的招牌料理就是貓村小姐的炒飯，這道料理挽救了瀕臨瓦解的家族關係。

西方魔女之死

草莓果醬

● 導演 _ 長崎俊一
編劇 _ 長崎俊一、矢澤由美
演員 _ 莎琪・派克、高橋真悠、涼

逃學的國中少女小舞的外婆是個英國人，不過說著一口流利的日語。擁有魔女血統的外婆對植物有深深的情感和知識，衷心喜愛小舞的外婆，帶著最愛的小舞進行所謂的「魔女的特訓」……

材料（適量）
草莓……300g
白砂糖……180g

作法
❶ 草莓洗淨後去蒂擦乾，對切成一半。
❷ 草莓、一半的砂糖倒入鍋中，開小火，用木匙邊搗碎邊熬煮。待煮沸後，邊去渣邊續煮 2～3 分鐘，再加入剩下的砂糖，煮 5～6 分鐘。
❸ 趁熱將果醬裝入洗淨消毒過的乾燥瓶子裡，蓋上蓋子後倒放冷卻即可。

手工果醬依個人喜好也可以加入 1/2 大匙的檸檬汁。開封後，建議放在冰箱冷藏最多一個禮拜或是密封冷凍保存。

撒鹽不但能讓蔬菜釋出水分，還能增
加蔬菜的脆度。

新天堂樂園
田園沙拉

導演 _ 吉斯皮·托那多利
編劇 _ 吉斯皮·托那多利
演員 _ 馬可·李奧納迪、菲利普·諾雷

西西里島上的吉安加村有一座小教堂，教堂
前有一家電影院「天堂戲院」，村子裡的一
個少年經常偷偷溜進村子裡的戲院放映室，
蒐集被剪掉的影片，還試圖代替失明的放映
師，啟動放映機。

材料（2 人份）
萵苣……1/2 株
芝麻菜（箭生菜）……1 把
番茄……1 顆
初榨特級橄欖油……2 ～ 3 大匙
鹽、黑胡椒……各適量

作法
❶萵苣、芝麻菜、番茄洗淨浸泡冷水後，
充分瀝乾。沿著萵苣的纖維部分，撕
成適合入口的大小；芝麻菜切成約
3cm 長；番茄去蒂後，切成適合入口
的大小。

❷將①放入圓缽中，淋上橄欖油，稍微
攪拌。

❸撒點鹽和胡椒，依個人口味，還可淋
上檸檬汁或白酒醋，輕拌便可端上桌
食用。

47

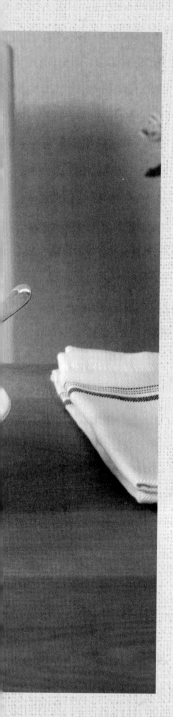

料理鼠王
法式燉菜

🇺🇸 導演 _ 布萊德‧柏德‧簡‧皮克瓦
編劇 _ 布萊德‧柏德‧簡‧皮克瓦‧艾蜜莉‧庫克‧凱西‧葛林伯格
演員 _ 派頓‧奧斯瓦特‧伊安‧荷姆‧彼得‧奧圖

生長在美食之都巴黎的地下水溝裡，米小鼠住在一間知名餐廳的底下，原本的餐廳老闆是米小鼠心目中的超級偶像。但對於一間高級法國餐廳來說，一隻老鼠是他們最不希望出現在廚房的東西……米小鼠對料理的熱情、無端冒出的餐廳繼承人，最後竟然演變成眾人鬧翻天的抓鼠追逐戰！

材料（一小鍋）

番茄……2 顆（中型）
茄子、櫛瓜……各 2 條
紅椒和黃椒……各 1 顆
洋蔥……1 顆（中型）
芹菜……1 根
蒜頭……2 顆
月桂葉……1 片
羅勒……1 株
鹽……1 又 1/2～2 小匙
胡椒……少許
橄欖油……4 大匙

作法

❶ 蔬菜洗淨後，番茄切丁；茄子與櫛瓜切 1.5cm 寬片狀；紅椒和黃椒切成適合入口的大小；洋蔥切成八等分；芹菜去掉粗梗，切成適合入口的大小；蒜頭拍碎，備用。

❷ 茄子排放在撒了些鹽的廚房紙巾上，上方再輕輕撒鹽。靜放 5 分鐘，去掉水分。

❸ 起油鍋，放入 3 大匙橄欖油和蒜頭中火爆香，再放入茄子，煎到兩面都熟後起鍋備用。

❹ 同一炒鍋放入櫛瓜略炒，再加入洋蔥、紅椒、黃椒、芹菜，小火拌炒 4～5 分鐘，蓋上鍋蓋略悶。

❺ 倒入番茄、茄子、月桂葉、羅勒的莖和 1 小匙鹽略為拌炒，蓋上鍋蓋，燜煮 10 分鐘後掀開鍋蓋，拌炒 7～8 分鐘。加點鹽和胡椒調味。

❻ 關火，稍微放涼。起鍋後淋上一大匙橄欖油，再撒點切碎的羅勒葉即可。

人魚朵朵

蛤蜊炒麵

導演 _ 李芸嬋
編劇 _ 李芸嬋
演員 _ 徐若瑄、周群達、坐娜、朱約信

朵朵小時候因為腳有殘疾，不良於行，有一天，她接受了手術，終於能夠走路，並獲得了生命中的第一雙鞋。結婚後的她是個十足的鞋子迷，收藏一大堆鞋子。就像被高貴美麗的鞋子下了神祕魔咒，不停地蒐集美麗的鞋……

材料（2人份）
油麵……2 包
蛤蜊（已吐砂）……300g
紅椒……半顆　豆芽菜……半袋
韭菜……半把
紹興酒（或米酒）……2 大匙
蒜頭……1 顆　麻油……1 大匙
蠔油……1/2 大匙
鹽、胡椒……各少許

作法
1. 蔬菜洗淨後，紅椒切薄片；韭菜切段5cm 長，蒜頭切末。
2. 蛤蜊倒入鍋中，淋上紹興酒，蓋上鍋蓋後開火，待蛤蜊煮熟開口後關火，撈起蛤蜊。
3. 油麵略沖洗後瀝乾，倒入留有蛤蜊湯汁的鍋中，將吸飽湯汁的油麵挪往鍋邊。鍋中空位處放入蒜頭、紅椒，加入麻油拌炒。爆香後，再和麵條拌炒。
4. 加入蠔油、豆芽菜、韭菜，再倒入先前起鍋的蛤蜊，加點鹽和胡椒調味即可。依個人口味，淋點醬油也很美味。

這裡用的是帶皮的紅蘿蔔與蘋果，不添加牛奶。熬煮後剩下的雞翅還可以用來做成美味的沙拉。

材料（2 人份）

雞翅……4 隻　清水……2 又 1/2 杯
洋蔥……半顆　紅蘿蔔……半條
南瓜……200g　蘋果……1/4 顆
奶油……1/2 大匙　月桂葉……1 片
鹽……2/3 小匙

作法

❶ 沿著雞翅的骨頭旁邊劃一刀；所有蔬菜洗淨後，洋蔥去皮切薄片；南瓜去皮；紅蘿蔔和蘋果帶皮，切成薄片。

❷ 雞翅放入鍋中，加入清水開小火熬煮 15 ～ 20 分鐘，邊煮邊瀝去油渣。

❸ 起油鍋放入奶油，小火拌炒洋蔥，待洋蔥呈透明狀後加入紅蘿蔔、南瓜，續炒。

❹ 瀝除②的雜質與雞翅，高湯倒入③，加入月桂葉、蘋果後，蓋上鍋蓋，小火燜煮 15 ～ 20 分鐘。

❺ 撈除④中的月桂葉，用果汁機打勻，加點鹽調味即可。

蝸牛食堂
蔬菜濃湯

● 導演 _ 富永麻衣
　編劇 _ 高井浩子
　演員 _ 柴崎幸、余貴美子、志田未來、三浦友和

被情人劈腿、又被騙走所有存款的倫子，因為打擊太大而失去說話的能力。回到故鄉的她開了一間每天只招待一組客人的食堂，謠傳喝了這道濃湯，任何願望都可以實現。

母親

蛋汁拌飯

● 導演 _ 山田洋次
編劇 _ 山田洋次
演員 _ 吉永小百合、淺野忠信、檀麗、志田未來

昭和十五年太平洋戰爭如火如荼，居住在東京的野上一家過著平靜的生活。有一天身為文學家的父親因為左傾思想，違反公共安全而遭到逮捕，母親只好母代父職，守護家人。雞蛋也成了等待父親回家團聚，餐桌上最重要的食物。

材料（適量）
米……3 杯
清水……3 杯
雞蛋……適量
醬油……適量

作法

① 米倒入大碗中，迅速倒入水，稍微攪拌後，倒掉水。邊用手掌輕搓洗米，邊倒水，反覆三、四次。將米浸泡20分鐘後瀝乾。

② 米與等量的水倒入鍋中，中火煮 5～6 分鐘，沸騰後，轉小火，續炊煮 12～13 分鐘。最後大火煮 20 秒即可關火，不掀蓋蒸 10 分鐘後，用飯杓略拌白飯。

③ 盛一碗飯，依個人口味，打一顆蛋，淋上醬油，均勻攪拌後即可食用。

先在白飯上打顆雞蛋，再淋上醬油的作法，這比事先攪拌蛋液和醬油後，淋在飯上更為美味。

不管是圓形還是塊狀的袋裝年糕，都要事先放一個禮拜風乾。

材料（4人份）
年糕……適量
炸油……適量
鹽……少許

作法
1. 起油鍋，熱油 160～170℃，放入事先風乾後的年糕切塊，慢慢炸。待年糕表面有點變色後，轉大火讓油溫升至 180℃，炸到表面呈現金黃酥脆口感即可撈起。
2. 撈起炸好的年糕放在廚房紙巾上吸油，撒些鹽略為調味即可食用。

宛如阿修羅

炸年糕

● 導演 _ 森田芳光
編劇 _ 筒井智美、向田邦子
演員 _ 大竹忍、黑木瞳、深田恭子、深津繪里

趁著新年回家團聚的四姊妹某天發現一向愛家的父親竟然有了外遇，但四人各自也有著惱人的煩心事。炸得酥脆的年糕有著祈願一家美滿的意思，姊妹們約定要對母親隱瞞父親外遇的事實……

若買不到布列起司，也沒有放蘆筍、炒洋蔥的話，建議用 **40g** 的格律耶爾起司或是帕馬森起司替代，與餡料混合。

女侍情緣

鹹派

導演 _ 安德林妮・夏莉
編劇 _ 安德林妮・夏莉
演員 _ 凱莉・蘿素、奈森・菲利安、傑瑞米・西斯托、安德林妮・夏莉

鄉下小餐廳的女服務生珍娜是某家餐廳最受歡迎的女服務生，因為她是做鹹派的高手，總能將日常生活中發生的事情或情感，製作成各種鹹派。她還會給鹹派取各種奇怪的名字，像是「家有惡夫！」、「我不想要厄爾的小孩！」等，藉以抒發壓力。

材料（1 個直徑 21cm 派盤）

低筋麵粉……100g
雞蛋……1 顆
奶油……50g

餡料
布列起司……100g
火腿……100g
裝飾用火腿……適量

蛋奶汁
雞蛋……2 顆
生奶油……1/2 杯
牛奶……1/4 杯
鹽……1/3 小匙
胡椒……少許

作法

❶ 奶油、火腿切成 1cm 見方小塊；布列起司去皮 1cm 見方小塊，備用。

❷ 低筋麵粉、雞蛋、奶油充分攪拌後，揉成一塊麵糰。用保鮮膜包好靜置冰箱 60 分鐘。

❸ 麵糰放在撒了些麵粉的工作台上，擀平後，鋪在派盤上，切掉多餘派邊，再放入冰箱靜置 30 分鐘。

❹ 用叉子在派皮上戳幾個洞，覆上鋁箔紙，上頭用個東西壓住，放進預熱 180℃的烤箱烘烤 20 分鐘後，拿掉壓在上頭的東西，再烘烤 5 分鐘。

❺ 將餡料倒入④，加入調製好的蛋奶汁，放進 180℃的烤箱烘烤 25～30 分鐘即可。上桌前再裝飾些火腿。

蒲公英

炒飯

● 導演 _ 伊丹十三
編劇 _ 伊丹十三
演員 _ 山崎努、宮本信子、役所廣司、渡邊謙

喪偶的老闆娘獨自經營一家名為「來來軒」的拉麵店，但因為手藝欠佳，所以客人始終不多。貨運司機某日來此躲雨，沒想到其中一人擁有一手好廚藝，接著一群愛吃拉麵的男人，也不斷加入幫忙老闆娘重振拉麵店的行列，除了美味拉麵外，還有香氣四溢的炒飯等其他菜色吸引顧客上門。

材料（2 人份）
白飯……2 碗
雞蛋……2 顆
叉燒……100g
青蔥……1/3 根
油……2 大匙
鹽……1/2 小匙
胡椒……少許
醬油、酒……各 1 小匙

作法
1. 叉燒切塊；長蔥洗淨後切段，備用。
2. 起油鍋，中火熱油後倒入打好的蛋液，略為攪拌。待雞蛋半熟倒入白飯，開大火翻炒 2～3 分鐘，將雞蛋與白飯充分拌炒後攤平，才能均勻受熱。
3. 加入①，略為翻炒，撒上鹽和胡椒調味。將事先混勻的醬油與酒，沿著鍋邊倒入一圈，拌炒至每粒白飯都均勻上醬色即可關火裝盤。

炒飯時醬油加點酒稀釋，飯比較不會焦掉，也更添美味。

洗澡

炸醬麵

 導演 _ 張揚
編劇 _ 蔡尚君、刁亦男、霍昕、劉奮鬥、張楊
演員 _ 姜武、濮存昕、朱旭

父親是個在北京舊社區經營澡堂的老闆,性格開朗、豁達,倔強但通情達理、與人為善。在都市打拚的長子大明,回老家省親,他與父親以及父親的澡堂明顯格格不入,這次的返鄉更凸顯一生辛勤工作的老父親與長子間的爭執,讓人感受到家人之間的疏離感。

材料(2 人份)
烏龍麵……2 包
豬肉絞肉……100g
生薑……1 片
青蔥……1/2 根
小黃瓜……適量
紹興酒(或米酒)……1 大匙
油……3 大匙

醬料
甜麵醬……3 大匙
醬油……1 小匙
清水……1/4 杯

作法
① 醬料事先調勻備用
② 薑與青蔥洗淨後切絲;烏龍麵汆燙後,用開水略洗過篩瀝乾,備用。
③ 起油鍋,熱油中火炒豬肉,再加入薑絲與青蔥。爆香後,加點紹興酒和醬料,續煮 2～3 分鐘,直到呈現糊狀。想吃辣一點,可先放點辣椒和豬肉一起拌炒。
④ 烏龍麵盛盤,淋上③,加一條小黃瓜點綴即可。

口味清爽的義大利麵最適合當作午餐
輕食。煮麵條時，可加點鹽調味，譬
如 2 L 的滾水，就加 1 大匙左右的
鹽調味，煮至稍留硬度後起鍋。

碧海藍天
白酒蛤蠣義大利麵

導演 _ 盧·貝松
編劇 _ 盧·貝松
演員 _ 尚·雷諾、羅珊娜·艾奎特

敘述兩個從小一塊長大的男人，同樣都對潛水與海洋充滿熱愛，一向好勝的丹佐總是把雅克當做敵手，雅克則在一場意外中失去了父親，而遠走他鄉。日後兩人相遇，努力挑戰自由潛水的世界紀錄。陽光普照的地中海美景，令人忍不住愛上美味的海鮮和義大利麵。

材料（2 人份）
義大利麵……160～180g
蛤蠣（已吐砂）……350g
橄欖油……3～4 大匙
蒜頭……1 顆
紅辣椒……1 條
白酒……2 大匙
奶油……1/2 小匙
義大利芹菜切碎……1 大匙

作法
❶ 蔬菜洗淨後，蒜頭對切拍碎；紅辣椒去籽；義大利芹菜切碎，備用。

❷ 煮一鍋沸水，放入義大利麵後煮至稍留硬度後起鍋。

❸ 起油鍋倒入橄欖油，熱鍋後加入蒜末，轉小火爆香，待蒜頭呈焦黃色，再加入紅辣椒、蛤蠣、白酒，蓋上鍋蓋，等蛤蠣熟後開口。

❹ 舀 2 大匙麵湯倒入❸，充分攪拌後放入義大利麵即可起鍋裝盤，最後撒點義大利芹菜即可添味。

料理絕配

羅勒義大利麵

🇺🇸 導演 _ 史考特·希克斯
　　編劇 _ 卡羅·佛茨、珊卓拉·妮特貝克
　　演員 _ 凱薩琳·麗塔瓊絲·亞倫·艾克哈特·艾碧·貝絲琳

完美主義的主廚凱特在工作上遇到瓶頸，另外還得負責照顧車禍身亡的姊姊留下來的八歲女兒。率性的二廚尼克被邀請加入團隊，凱特的完美主義面臨考驗。但萬萬沒想到尼克所做的義大利麵，竟能撫慰外甥女失去母親的傷痛……

材料（2 人份）
義大利麵……160～180g
蒜頭……1 顆
紅辣椒……1 條
羅勒葉……10 片
橄欖油……2 大匙
帕馬森起司……2 大匙

作法
1. 蔬菜洗淨後，蒜頭切末；紅辣椒對切去籽；羅勒葉切碎。
2. 煮一鍋沸水，放入義大利麵，煮至稍留硬度後起鍋。
3. 起油鍋倒入橄欖油，熱油後加入蒜末，轉小火爆香，待蒜頭呈焦黃色，再加入紅辣椒。
4. 舀 2 大匙麵湯倒入③，充分攪拌後放入義大利麵即可起鍋裝盤，最後撒點羅勒葉和帕馬森起司調味即可。若不夠鹹，再加點鹽提味。

教父 3
番茄義大利麵

🇺🇸 導演 _ 法蘭西斯·柯波拉
編劇 _ 馬里奧·普佐、法蘭西斯·柯波拉
演員 _ 艾爾·帕西諾、黛安·基頓、泰莉亞·雪爾

擔任柯里昂家族教父之職多年的麥可已日漸
衰老,由於深刻瞭解到縱使宿敵多半已死的
死、老的老,但自己終究無法永保家人平安,
因而決定將家族企業漂白,杜絕所有非法生
意。劇中有一幕男主角邊吃義大利麵,邊思
索家族存續問題,散發濃濃的義大利風情。

材料(2人份)
義大利麵……160~180g
番茄醬……1罐
洋蔥……3大匙
蒜頭……1顆
紅辣椒……1根
羅勒……2株
橄欖油……1又1/2大匙
鹽……1/2小匙
帕瑪森起司……2~3大匙
奶油……1/3小匙

作法
❶蔬菜洗淨後,洋蔥去皮切絲;蒜頭切
　末;紅辣椒對切去籽。
❷煮一鍋沸水,放入義大利麵,煮至稍
　留硬度後起鍋。
❸起油鍋倒入橄欖油,熱油後加入蒜末,
　轉小火爆香,待蒜頭呈焦黃色,再加
　入紅辣椒。放入番茄後邊搗碎邊加入
　羅勒莖,加鹽調味,轉小火煮5分鐘。
❹撈起羅勒莖不用,舀2大匙麵湯倒入
　③,充分攪拌後放入義大利麵、帕瑪
　森起司和奶油即可起鍋裝盤。
❺最後再撒上羅勒葉,淋點橄欖油。

肉片需先醃漬兩天。將 **9g** 的鹽抹在豬五花或豬肉塊上（鹽的用量是豬肉的 **3%**），用袋子密封後，放進冰箱冷藏。

聽見天堂

白菜豆湯

■■■ 導演 _ 克里斯提諾·波頓
編劇 _ 克里斯提諾·波頓
演員 _ 法蘭西斯科·坎波索、盧卡·卡皮歐提

米可出生於托斯卡尼，從小就熱愛電影，因為一次意外，讓他必須永遠與黑暗為伍，只能到政府規定的「盲人特殊學校」就讀，然而這一切的挫折直到他發現他可以透過一台老舊的錄音機將生活周遭的聲音，收集並編織成一段段美麗的聲音故事有了改變，他開始和盲人學校的同學們一起自學，創作音樂……

材料（4 人份）
醃過的豬肉……150g
白菜豆……400g
洋蔥、番茄、馬鈴薯……各 1 顆
紅蘿蔔……1/2 條
高麗菜……1/4 顆
蒜頭……1 顆
橄欖油……1～2 大匙
清水……4 杯
高湯塊……1 塊
月桂葉……1 片
鹽、胡椒……各適量

作法
① 醃過的豬肉切成 1cm 寬薄片。蔬菜洗淨後，蒜頭切末；洋蔥、番茄、高麗菜、紅蘿蔔切容易入口的小塊；馬鈴薯切成 1.5cm 大的塊狀，備用。
② 起油鍋倒入橄欖油，熱鍋後加入蒜末，轉小火爆香，再加入豬肉、洋蔥、番茄拌炒。
③ 加入清水、高湯塊、月桂葉，待煮沸後放入紅蘿蔔和高麗菜，蓋上鍋蓋後小火燜煮 10 分鐘。
④ 最後加入馬鈴薯以及瀝乾的白菜豆，續煮 15 分鐘。
⑤ 起鍋裝盤前加點鹽、胡椒調味。依個人口味，可加點橄欖油和帕馬森起司。

裸愛

奶油通心粉

導演 _ 朱賽佩·多納托爾
編劇 _ 朱賽佩·多納托爾
演員 _ 卡珊妮亞·雷寶寶特、米歇爾·普拉西多

曾經是妓女的神祕烏克蘭女子伊蓮娜，隱瞞不堪的往事，想盡辦法要到一對年輕富有的珠寶設計師的家裡幫傭，而且對主人家的四歲幼女管教特別嚴格。隨著劇情發展，女主角悲慘的身世也逐漸被揭露。

材料（2人份）

通心粉……160～180g
培根……2片
生奶油……3/4杯
牛奶……1/4杯
藍起司……50g
白酒……2大匙
帕瑪森起司……2大匙
橄欖油……1大匙
鹽、胡椒……各適量

作法

1. 煮一鍋沸水，放入通心粉後煮至稍留硬度後起鍋。培根切碎備用。
2. 起油鍋倒入橄欖油，熱鍋後加入培根，加入白酒拌炒。再加入生奶油、牛奶、藍起司丁，轉小火燉煮。
3. 舀2大匙麵湯倒入②，加點帕馬森起司，攪拌後關火。撒點胡椒調味，要是不夠鹹，再加點鹽即可。

加些蘆筍和花椰菜一起煮，也很美味。加起司時，一定要嚐一下味道，千萬別加過頭。

04

與家人共享美食

最想和摯愛分享的美味料理

always
再續幸福的三丁目

壽喜燒

導演 _ 山崎貴
編劇 _ 山崎貴、古澤良太
演員 _ 吉岡秀隆、堤真一、藥師丸博子、小雪、堀北真希

描述昭和三十四年，在東京下町開設修車廠的鈴木家，暫時照顧親戚的女兒美加，則文、知江和六子都非常歡迎，唯有一平對美加很不友善……故事發展有笑有淚，而壽喜燒永遠是最受歡迎的平民美食。

壽喜燒是最能表現地方風情與家庭個性的一道料理。例如，我家偏愛昆布為底的醬汁，青蔥要先烤過，味道更香。

材料（4人份）
豬肉片……600g
白菜……1/8顆　青蔥……2根
冬粉……1/2束　雞蛋……4顆
蒟蒻絲、燒豆腐……1包
生香菇……8朵　豬油……適量

醬汁
昆布高湯……1/2杯
酒、醬油……各3大匙
味醂、砂糖……各2大匙

作法
1. 蒟蒻絲先汆燙，去浮沫，與洗淨後的白菜、冬粉、燒豆腐等切成適合的大小，青蔥斜切。
2. 取一圓缽調勻醬汁。
3. 豬油放入熱鍋中，接著放入適量青蔥和豬肉。待豬肉變色後，再倒入適量的佐料汁。
4. 煮好的食材，沾點蛋液食用。
5. 續加入剩下的豬肉、青菜，再加點佐料汁，邊烹煮邊吃。依個人口味，可加點糖和醬油。

經過反覆嘗試，總算做出讓自己很有
自信的咖哩飯。建議可嘗試搭配不同
口味的咖哩塊，咖哩飯會更美味喔！

盡頭的回憶
咖哩飯

● 原書作者 _ 吉本芭娜娜
中文譯者 _ 張致斌
出版社 _ 時報出版

吉本芭娜娜小姐曾說：「創作這本書，讓我
覺得能成為小說家，真的太好了。」描述遭
未婚夫背叛的女人的感情世界。小說裡每個
人心中都有個沉睡中的寶藏，儘管時光流
逝也無法忘懷，鮮明地描寫無可替代的「瞬
間」，讓生命充滿意義的記憶，被譽為傑出
的短篇小說。

材料（適量）
豬肩胛肉……350g
洋蔥、馬鈴薯……2顆
番茄、紅蘿蔔……1顆
蒜頭……1顆　月桂葉……1片
生薑泥、蜂蜜……各1小匙
清水……4又3/4杯
咖哩塊……6盤的分量（甜味與辣味混合）
醬油、奶油、油、白飯……各適量

作法
❶ 紅蘿蔔與馬鈴薯去皮後與豬肩胛肉切
　成一口大小；洋蔥去皮一顆切薄片，
　一顆切扇形；番茄切塊；蒜頭切末。
❷ 熱鍋放入1大匙半的奶油，再倒入洋
　蔥片、蜂蜜，小火拌炒7分鐘後起鍋。
❸ 另起鍋倒入1大匙油熱鍋爆香蒜末，
　放入豬肩胛肉煎到兩面熟，再加入②
　和番茄，中火拌炒2分鐘。倒入清水、
　月桂葉，轉小火續煮30分鐘。
❹ 倒入切成扇形的洋蔥片、紅蘿蔔、馬
　鈴薯、薑泥續煮，煮沸後放入咖哩塊
　並轉小火。
❺ 各加1/2小匙醬油和奶油即可。

包著火腿和鮪魚的手捲，是最美味的大眾美食，還可以準備更多美味的食材。

天然子結構
美味的手捲

🇯🇵 導演 _ 山下敦弘
　編劇 _ 渡邊綾
　演員 _ 夏帆、岡田將生、夏川結衣、佐藤浩市

右田就讀的是一間四周都是山與農田圍繞的鄉下學校，只有六名學生。某天，來了一位從東京來的轉學生，身為這群孩子王的少女，被這位來自城市的少年深深吸引，意外一個吻，開啟了一段難忘的酸甜初戀。

材料（4～6 人份）
米……3 杯
酒……2 大匙
昆布……1 片（5cm 長）
調味醋（混合過的）
醋……70cc
砂糖……3 大匙
鹽……1 又 1/2 小匙
火腿……1 包
納豆……2 包
小黃瓜……1 條
醃黃蘿蔔干、魚板……各適量
海苔片……6 ～ 8 片
鮪魚料
鮪魚罐頭……165g
美乃滋……2 小匙
麻油……1/2 小匙
蛋皮
雞蛋……3 顆
砂糖……1 大匙
醬油……2/3 小匙
麻油……1/2 小匙
煮香菇
香菇……5 朵
砂糖、醬油……各 1 大匙
煮豆皮
豆皮……3 片
高湯……3/4 杯
砂糖、醬油……各 1 大匙
味醂……1/2 大匙

作法
❶鮪魚罐頭去油後，加入美乃滋、麻油，攪拌均勻，做成鮪魚料。
❷打 3 顆雞蛋，加入砂糖、醬油攪拌均勻備用。起鍋熱麻油，倒入蛋液，用筷子迅速攪拌，呈半熟狀後再將蛋皮疊三次，稍微煎一下，做成蛋皮。
❸香菇事先洗淨泡發後去蒂切片，香菇放入鍋中並倒入一杯香菇水，加上砂糖與醬油，蓋上鍋蓋，小火燜，煮成煮香菇。
❹豆皮去油後，對切。鍋中倒入高湯、砂糖、醬油和味醂，放入豆皮，蓋上鍋蓋，開小火燜煮到湯汁收乾，煮成煮豆皮。
❺洗好的米、酒、昆布、適量清水，倒入電鍋炊煮好後，起鍋淋上調味好的醋，靜置一旁放涼。
❻準備好鮪魚、蛋皮、煮香菇、煮豆皮等食材，其他食材也切成適合入口的大小。
❼切成四等分的海苔包些自己喜歡吃的食材和壽司飯，依個人喜好，可以淋點美乃滋、芥末或醬油。

橫山家之味

炸玉米餅

- 導演 _ 是枝裕和
  編劇 _ 是枝裕和
  演員 _ 阿部寬、夏川結衣、樹木希林、寺島進

在大哥忌日當天，回到曾經是診所的老家團聚，一家人享受著屬於母親的味道的炸玉米天婦羅。在表面的吵嚷、卻對彼此的深層情感，就在兩天一夜的家族重聚中，彼此留下最深刻的回憶。

材料（4 人份）
玉米……2、3 根
雞蛋……1 顆
冷水……約 3/4 杯
低筋麵粉……100g
炸油、鹽……各適量

作法
❶玉米去皮洗淨後用菜刀刮下玉米粒，放入圓缽，撒上 1 大匙低筋麵粉。
❷雞蛋、冷水與低筋麵粉充分拌勻，輕輕地倒入①，攪拌均勻。
❸起油鍋熱油至 175℃，用湯匙舀起適量的②，放入油炸。炸的時候要稍微翻面，炸熟成型後即可起鍋。依個人口味，撒點鹽食用即可。

可以在事先做好的壽司飯中加入切好的野薑與汆燙好的毛豆，以及白芝麻，充分拌勻，即是很配炸玉米餅一起吃的清爽毛豆與野薑的壽司飯。

淡淡的柴魚味湯底，加上茶葉香，便成了風味獨特的茶泡飯。湯汁一定要比味噌湯的口感淡上一倍才行。

茶泡飯之味
茶泡飯

● 導演 _ 小津安二郎
　編劇 _ 野田高梧、小津安二郎
　演員 _ 佐分利信、木暮實千代、津島惠子

佐竹茂吉與妙子因相親而結婚，結婚多年，生活無憂，膝下無子女，價值觀卻差很多。妙子愛追求生活享受，平時常跟好友雨宮及姪女節子一起，而茂吉則喜愛粗茶淡飯的平淡生活。劇中有一場妻子為半夜肚子餓的丈夫準備好醃漬小菜，一起吃茶泡飯的戲。

材料（2 人份）
茶葉……1/2 大匙
柴魚高湯……2 又 1/2 杯
鹽……1 小匙
飯……2 碗
醃漬小菜（醃茄子、醃小黃瓜等）……各 1 條
其他小菜（梅干等）……適量

作法
❶起鍋煮適量清水，水滾後熄火加入柴魚片，待柴魚片全部沉澱後即可瀝除，取用高湯。
❷煮好一壺茶，將煮好的湯汁倒入茶壺。
❸將❷倒入事先煮妥的白飯中，再放上醃漬小菜，也可以加片海苔、鮭魚等。

71

食材煮好後，再與米一起煮，
香味便能滲透到飯裡。用熱騰
騰的煮汁煮飯，還能避免米飯
黏鍋。

深夜食堂

竹筍飯

● 導演 _ 松岡錠司、山下敦弘、及川拓郎、登坂琢磨、小林聖太郎
編劇 _ 真邊克彥、向井康介、及川拓郎、和田清人、荒井晴彥
演員 _ 小林薰、松重豐、綾田俊樹、小田切讓

在新宿街頭的其中一條後巷，由老闆獨自經營的小食堂，營業時間由深夜0點到早上的7點，在門簾上僅僅寫著「飯館」，被常客稱呼為「深夜食堂」。一間只要老闆做得出來，都能滿足客人要求的食堂。也是一間能夠品嚐到美味料理，分享人世間各種事情，帶著笑容步出店門的食堂。

材料（4人份）
米……2杯
筍……200g
豆皮……1片
米糠……少許
紅辣椒……1根
煮汁
高湯（柴魚＋昆布）……330cc
酒、薄鹽醬油……各1大匙
味醂……1/2大匙
鹽……1/2小匙
山椒……適量

作法
❶ 放一鍋冷水；要料理的生筍洗淨後在皮上劃幾刀，再與1小撮米糠、紅辣椒一起放入鍋中汆燙約60分鐘後關火，冷卻後再去皮。
❷ 煮熟的筍切成扇形；豆皮去油後切碎，備用。
❸ 洗好的米泡水20分鐘後瀝乾。
❹ 煮汁材料放入鍋中中火熬煮，煮沸後再倒入筍子、豆皮，燉煮2～3分鐘，即可過篩，將材料與煮汁分開。
❺ 浸泡完畢的米與2杯量的煮汁倒入電鍋（不夠可加水），最上方鋪上煮好的料，蓋上鍋蓋，按下煮飯鍵。
❻ 炊煮10分鐘後，就可以盛飯了。上桌前建議可以撒點山椒提味。

一起加油吧！

好味燒

- 導演 __ 三宅喜重
  編劇 __ 金子亞里沙
  演員 __ 相武 季、岩佐真悠子、鈴木杏

篠村悅子是個剛升上高中的女學生，有個優秀的姐姐，有天她看著瀨戶內海的夕陽下有四個人一起划著西式划船，激起她要加入划船社的興趣，可是她進校園後，卻沒有女子划船社，於是她從創社到招募新人，展開新人賽，過程有笑有淚。練習完畢後，大家就會聚在好味燒店，邊大啖美食，邊分享愛情心事。

兩面各煎兩次，讓煎餅表面酥香，內餡逐漸變熟。千萬要有耐心，別用刮刀猛壓，這樣才能做出口感鬆軟的好味燒。

材料（4人份）
豬五花薄片……6 片
高湯……220cc　山藥泥……10g
味醂……1 大匙　雞蛋……4 顆
醬汁、綠紫菜、柴魚片、美乃滋……各適量
麵糊
低筋麵粉……2 杯
泡打粉……1 小匙　鹽……1/2 小匙
煎料
高麗菜……400g　炸渣……8 大匙
櫻花蝦……4 大匙　紅薑……2 大匙

作法
1. 豬五花薄片對切；高麗菜與紅薑切絲。
2. 麵糊材料倒入大圓缽中，高湯和味醂各分兩次加入，充分攪拌。再加入山藥泥，放進冰箱靜置 1 小時。
3. 每次做一塊。將 1/4 的②與 1/4 的煎料混合後打一顆雞蛋，迅速攪拌均勻。
4. 倒入適量油，以畫圓的方式，將③倒入鍋中，再鋪上 1/4 分量的豬肉片，開小火煎 2 分半鐘。
5. 翻面，轉小火，蓋上鍋蓋，燜煎 5 分鐘。再翻面；蓋上鍋蓋，燜煎 2 分鐘，重複一次。最後淋上醬汁即可。

如果麵皮有剩，還可以做迷你披薩餅。在烤架鋪上塗了一層油的鋁箔紙，將麵皮放上去，兩面各烤 1 分鐘。

瘋狂週末
義大利香腸多菇披薩

導演 _ 費南多·伊姆貝克
編劇 _ 費南多·伊姆貝克、寶拉·馬可維奇
演員 _ 迭戈·卡塔諾、丹妮·佩雷雅

富拉瑪與摩卡是一起長大的好友，他們今年十四歲，在一個窮極無聊的週末下午，他們與鄰居婦人、送披薩的人，四人在老舊的公寓裡共度週日午後時光，挖掘出關於成長的寂寞以及愛與友情的重要性。

材料（1 片直徑 25cm）
橄欖油……1/2 大匙
菇類（紫蘑菇、蘑菇等多種）……150g
義大利香腸片……80g
起司絲……150g　奧勒岡葉……少許
餅皮
高筋麵粉……120g　鹽、乾酵母……3g
低筋麵粉……40g
40～45℃溫開水……90cc
醬汁
番茄罐頭……1/4 罐（搗碎）
鹽……少許　橄欖油……1 小匙

作法
❶混合乾酵母和溫開水，與其他餅皮材料倒入圓缽中攪拌後，淋點橄欖油。
❷將①揉製成麵糰。放回圓缽中覆上保鮮膜，靜置 60 分鐘發酵成兩倍大。
❸麵糰擀成直徑 30cm 大的圓形，然後用叉子在上頭戳幾個洞，塗上適量橄欖油後放在錫箔紙上。塗上調製好的醬料撒上菇類、香腸片、起司絲。
❹將④放入預熱的烤盤，用 220℃高溫烤 10 分鐘後取出，撒些奧勒岡葉。

我的父親母親

香菇餃

導演 _ 張藝謀
編劇 _ 鮑十
演員 _ 章子怡、孫紅雷

招娣是遠近聞名的美人，不僅心靈手巧，而且是勇敢求愛的女孩。她暗戀來到村子教書的年輕人，還做了他最喜歡吃的餃子，用料理代替文字，將自己的心意傳達給對方。終於，少女的美麗和誠摯打動了年輕人的心。然而悲劇卻也降臨了……

材料（4人份）
高筋麵粉……180g　鹽……1/4小匙
低筋麵粉……60g　清水……120cc
豬絞肉……150g

調味料
酒、醬油、麻油……各1大匙
香菇水……2大匙　鹽……1/2小匙

香菇餡
新鮮菇類……200g
乾香菇……3朵　生薑……1小匙
青蔥……2大匙　蒜頭……少許

作法
❶ 蔬菜洗淨後，新鮮杏鮑菇、舞菇、紫蘑菇、香菇等菇類與生薑、青蔥切絲；乾香菇泡發後去蒂切絲；蒜頭切末，備用。
❷ 將麵粉與鹽倒入圓缽，水分兩次加入，開始揉麵糰。待麵糰成型後蓋上濕布巾，在室溫下靜置30分鐘。
❸ 絞肉倒入另一只圓缽，加入調味料攪拌後再加入香菇餡拌勻。
❹ 將②均分成四份棒狀，分別切成十等分，擀成直徑8m的圓形。
❺ 適量的③，放在水餃皮中央，捏成半圓狀，下鍋煮熟即可。

乾香菇更添美味。用雞骨熬出來的湯頭，美味倍增。沾點醋和醬油，口感更佳。

自己擀餃子皮時，可以將水換成熱開水，做出來的餃子皮可是非常彈牙美味呢！記得要稍微蒸煎得久一點。

歡喜之歌

煎餃

● 導演 _ 藤村忠壽
編劇 _ 鄭義信
演員 _ 大泉洋、田中裕子、永野宗典、竹城明

夏天，一個臨海街町的地方文化會館主任，碰到同一天有兩組合唱團要租借表演場地的麻煩狀況，於是許多出乎意料的事接踵而來。劇中頻頻出現的美味外賣菜色，是吸晴的最佳配角。

材料（4 人份）
大張餃子皮……50 張
豬絞肉……200g
調味料
酒、醬油、豬油（或沙拉油）……各 1 大匙
麻油……1/2 大匙
鹽……2/3 小匙　胡椒……少許
蔬菜餡
白菜……350g　韭菜……1/2 束
洋蔥……100g　蒜頭……少許
生薑……1 大匙

作法
❶蔬菜洗淨後，白菜切絲，再撒少許鹽，瀝乾水分；韭菜切碎；洋蔥、生薑切絲；蒜頭切末。
❷絞肉倒入圓缽，加入調味料攪拌後，再將蔬菜餡加入拌勻。
❸適量的②放在水餃皮中央，捏成半圓狀。
❹將③排放在平底鍋中，略留空隙，倒入一點水，不要高過餃子 1/3，開大火，蓋上鍋蓋。
❺煮沸後轉中火燜煮 4 分鐘，倒掉殘留湯汁，淋上麻油，蓋上鍋蓋續煎至餃子皮呈金黃色。

蓋普眼中的世界

烤牛肉

- ● 導演 __ 喬治·洛希爾
  編劇 __ 約翰·厄爾
  演員 __ 羅賓·威廉斯·葛倫·克蘿絲

從小便過著與眾不同人生的男主角，當了父親後，命運更是多舛。就算最愛的兒子與母親相繼離世，男主角依舊力圖振作，不放棄人生。現實與理想交戰，一部充滿現代人生活中的徬徨迷亂……

材料（4 人份）
牛大腿肉（亦可使用腹胸肉或肩胛肉）
……1kg
鹽……1 大匙　胡椒……少許
蒜頭、洋蔥……1 顆
紅酒（或白蘭地）……1 大匙

作法
1. 烹調前 2 小時，先將冰箱裡的牛肉拿出來解凍，抹上鹽和胡椒。蒜頭縱向對切，切口抹肉，取蒜香。洋蔥去皮切薄片。
2. 長約 30cm 的鋁箔紙，呈十字形鋪在烤盤上，中間放上洋蔥、蒜頭、牛肉，用 170℃ 烤箱烤 45 分鐘。烤到一半時，將烤盤前後對調續烤。
3. 烤好的牛肉取出，用鋁箔紙包起放在篩網上滴肉汁 60 分鐘。
4. 將殘留在鋁箔紙上的肉汁與紅酒倒入鍋中，邊煮邊撈去油渣，煮沸後關火加點鹽、胡椒調味。
5. 切成適合食用的厚度；沾醬汁食用。

材料（2 人份）
鮭魚……2 片
低筋麵粉……適量
奶油、油……各 1 小匙

醬汁
白酒……1 大匙
生奶油……1/2 杯
檸檬皮碎……少許
檸檬汁……1 小匙
鹽、白胡椒……各少許
水芹、檸檬……各適量

作法
❶ 鮭魚片上撒點鹽和胡椒，再撒些低筋
　麵粉。
❷ 起鍋先放入一塊奶油熱鍋，中火煎①。
　翻面後轉小火，慢煎至熟即可盛盤。
❸ 另起鍋將醬汁材料放入鍋中，小火燉
　煮到呈黏糊狀，再加鹽和白胡椒調味。
　也可依個人喜好，加 1 小匙蒔蘿。
❹ 在②上淋上③，最後點綴水芹和檸檬
　即可上桌。

美麗人生
奶油鮭魚

導演 _ 羅貝多·貝尼尼
編劇 _ 文森佐·克拉米、羅貝多·貝尼尼
演員 _ 羅貝多·貝尼尼、妮珂塔·布拉斯奇

基多來到多斯坎小鎮追求他的理想與愛情，
他與小學老師朵拉墜入情網並共築家庭，幾
年後他們有了一個小男孩。好景不常，在法
西斯政府的管制下，一家人被送往納粹集
中營。基多一面努力編織溫暖的謊言安撫兒
子，一面尋找失散的妻子。

珍奧斯汀的
戀愛教室

墨西哥捲餅

🇺🇸 導演 _ 羅賓·席維卡
編劇 _ 羅賓·席維卡·凱倫·喬伊·富勒
演員 _ 瑪莉亞·貝蘿·愛蜜莉·布朗·凱西·柏克

出軌的妻子，戀上自己學生的老師，五個女子和一名謎樣男子加入了讀書會研讀珍奧斯汀小說。逐漸受到書中愛情觀感化的六個人，人生也各自起了變化。他們發現，他們的愛情際遇活脫脫就像是二十一世紀版的珍奧斯汀小說……

材料（4人份）
高筋麵粉……250g
液態奶油……50g　鹽……1/2 小匙
50～60℃的溫開水……90cc

餡料
牛絞肉……250g
洋蔥……1/2 顆　蒜頭……1 顆
油……1/2 大匙　番茄……2 顆
辣椒粉、鹽……1/2 小匙

醬料
起司絲……適量　洋蔥……1/4 顆
酸奶醬……100g

作法
❶ 洋蔥、番茄切小塊；蒜頭切末，備用。
❷ 拌勻液態奶油、鹽與高筋麵粉，倒入溫開水揉成麵糰。覆上保鮮膜，靜置30分鐘。
❸ 將①分成五等分，分別擀成圓形，熱油鍋兩面各乾煎1分鐘。
❹ 起油鍋爆香蒜頭，倒入絞肉和洋蔥碎拌炒，加入番茄、辣椒粉、鹽續炒。不夠鹹可撒鹽調味。
❺ 用③包捲醬料中的起司絲和④，切成一口大小，再抹上加洋蔥的酸奶醬。

加點香菜和切絲的綠辣椒，便成了美味的香辛料理。或是拌一些蝦子和白煮蛋，可以當作三明治用料。

BJ 單身日記

酪梨莎莎醬

導演 _ 莎朗·麥奎爾
編劇 _ 海倫·菲爾丁、安德魯·戴維斯
李察·寇蒂斯
演員 _ 芮妮·齊薇格、休·葛蘭

三十出頭的單身女郎布莉琪瓊斯有一年元旦醒來，帶著一夜的宿醉，突然驚覺自己很可能一輩子都會當個老處女嫁不出去，於是她決定振作精神，許下兩個新年願望，第一是減肥，第二是找到溫柔體貼的男朋友，沒想到她卻抗拒不了她上司的致命吸引力。

材料（4 人份）
酪梨……2 顆
洋蔥……1/2 顆
番茄……1 顆
蒜頭……少許
檸檬汁……1 大匙
鹽……少許
玉米片……適量

作法
❶蔬菜洗淨後，洋蔥切絲，汆燙後瀝乾；番茄去籽切塊；蒜頭切末，備用。
❷酪梨去籽後，倒入圓缽中，用湯匙搗碎。
❸將①倒入②後充分攪拌，再加些檸檬汁、鹽調味，最後加些玉米片增添口感即可。

同名之人

薩莫薩三角餃

導演 _ 蜜拉·娜雅
編劇 _ 蘇妮·塔拉普萊瓦拉、鍾芭·拉希莉
演員 _ 伊爾凡·可汗、卡爾·佩恩

幸運逃過火車事故的印度男子，結婚後移居美國，用一位作家的名字果戈替剛出生的兒子命名，沒想到兒子卻很討厭自己的名字。這特殊的名字卻困擾了在美國生活成長的兒子，於是長大後的果戈擅自將名字改為通俗的美國名尼克，好讓自己不再變成笑柄……

春捲皮和餃子皮是最好的入門食材，若用的是派皮，用烤箱烤會比油炸來的爽口，也比較不油膩。

材料（4 人份）

高筋麵粉……200g　油……1 小匙
鹽……1/3 小匙　清水……80～85cc

餡料
馬鈴薯……4 顆　青豆仁……50g
油……1/2 大匙　奶油、生薑……適量

調味料
茴香、薑黃……各 2/3 小匙
印度什香粉、鹽……各 1/2 小匙
胡椒……少許　炸油……適量

醬汁
番茄醬……4 大匙　番椒……少許

作法

1. 馬鈴薯切 1 cm 大的小丁；生薑切絲。
2. 調味料與醬汁，分別調勻備用。
3. 高筋麵粉加油、鹽拌勻，分三次加水揉製，覆上保鮮膜，靜置室溫 30 分鐘。
4. 汆燙馬鈴薯，再加入青豆仁，熟後瀝乾。
5. 起油鍋熱炒奶油、生薑和④，加入調味料調味後放冷備用。
6. 將③分六等分，擀成 2mm 厚長型，斜切後包入⑤，用叉子壓兩端。
7. 用 170℃的油炸⑥ 4 分鐘起鍋。
8. 食用時淋上調好的醬汁。

生活中的甜蜜滋味

難以言喻的酸甜人生

加入雞蛋和鮮奶時，記得用溫開水隔水加熱，才不會煮過頭。

口白人生

香蕉蛋糕

🇺🇸 導演 _ 馬克·福斯特
編劇 _ 柴克·海姆
演員 _ 威爾·法洛·達斯汀·霍夫曼·艾瑪·湯普森

一位認真拘謹的國稅局查稅員，原本過著一成不變的生活，有一天意外發現自己的人生竟照著一位悲劇小說家所寫的故事進行，耳朵甚至聽見如小說旁白的引言，描述著自己的人生。心生恐懼的他希望小說家能修改他的結局……

材料（1個 21×8cm 長模型）
香蕉……2 根
奶油……100g
白砂糖、紅砂糖……各 3 大匙
雞蛋……2 顆
鮮奶……45ml
低筋麵粉……150g
泡打粉……1 小匙

作法
❶ 所有材料靜置在室溫下。香蕉去皮後用叉背壓碎；雞蛋與鮮奶混合後打勻，備用。
❷ 烤箱預熱到 170℃。模型內均勻適量塗上一層薄油。
❸ 奶油倒入大圓缽中，分三次加入紅、白砂糖，並用打蛋器攪拌均勻，待奶油呈白色稠狀後，再慢慢加入混合均勻的雞蛋和鮮奶，繼續攪拌。
❹ 低筋麵粉與泡打粉混合後加入③，用橡皮刮刀拌勻。最後加入香蕉，充分攪拌後倒入模型。
❺ 放入 170℃ 的烤箱烘烤 45～50 分鐘即可。

新娘百分百

布朗尼

🇺🇸 導演 _ 羅傑·米歇爾
編劇 _ 李察·寇蒂斯
　演員 _ 茱莉亞·羅勃茲、休·葛蘭

在倫敦經營一家小書店的離婚男子，是個典型的英國人，文質彬彬、伶牙俐齒。某天，好萊塢女星走進書店買書，因緣際會之下竟意外戀上這位當紅女星。身處不同世界的兩人，價值觀時有衝突，究竟會有情人終成眷屬，還是分道揚鑣呢？

材料（1 個 18×18cm 的方模型）
黑巧克力⋯⋯120g
無鹽奶油⋯⋯80g
雞蛋⋯⋯2 顆
三溫糖（或白砂糖）⋯⋯4 大匙
低筋麵粉⋯⋯60g
核桃⋯⋯50g

作法
❶ 黑巧克力盡量切碎；奶油切成 1cm 見方塊狀，並撒點低筋麵粉，備用。
❷ 模型先鋪上烘焙紙；烤箱預熱到 180℃。
❸ 核桃先炒過，再放入 180℃的烤箱烘烤 5 分鐘後切碎備用。
❹ 黑巧克力和奶油倒入圓缽中，隔水加熱直至融化。
❺ 將雞蛋、三溫糖倒入另一個圓缽，用攪拌器攪拌至起泡。加入❹後充分拌勻。分二、三次加入低筋麵粉，再加入核桃碎，用橡皮刮刀攪拌。
❻ 倒入模型內，表面攤平，用預熱 180℃的烤箱烘烤 15～20 分鐘即可。

可用竹籤刺刺看，觀察有無烤熟。

建議使用可可含量 **50**%的巧克力，若用可可含量 **70**%的巧克力塊，口感就會有點苦。

濃情巧克力
生巧克力

🇺🇸 導演 _ 雷瑟·霍斯楚
編劇 _ 瓊安·哈莉絲、羅勃尼爾遜·傑克布
演員 _ 茱麗葉·碧諾許、強尼·戴普、

神祕女子與她的女兒，帶著一股熱情享樂的氣息，來到了一處景色優美、民風保守的法國鄉間小鎮。女子在鎮上開了一間巧克力店，她所製作的巧克力正和她自由熱切又敏感的個性一樣，教人難以抗拒，彷彿有著神奇的魔力……

材料（適量）
調溫巧克力……200g
生奶油（乳脂肪率 40%以上）……130g
麥芽糖……15g
無鹽奶油……35g（解凍後切成 1cm 見方塊狀）
無糖可可粉……適量

作法
❶無鹽奶油解凍後切成 1cm 見方塊狀。
❷調溫巧克力切碎後放入大圓缽備用。
❸生奶油與麥芽糖倒入鍋中小火煮化，煮沸前立即關火，一口氣倒入②的大圓缽中，並用木匙輕輕攪拌，再加入①攪拌均勻。
❹取一平盤，鋪上一層保鮮膜，倒入③，稍微放涼。再用保鮮膜包好，放入冰箱冷藏。
❺冷藏後變硬的巧克力，切成 2cm 見方大小。
❻另取平盤，撒上可可粉，放入切好的⑤，表面均勻塗裹可可粉即可。

打蛋白時，加點檸檬汁或白醋
會比較容易打發。此外，混合
低筋麵粉和高筋麵粉各半，做
出來的蛋糕口感更有層次。

蜂蜜罐上的聖瑪莉

戚風蛋糕

🇺🇸 導演 _ 吉娜·普林斯·貝瑟伍
🇺🇸 編劇 _ 吉娜·普林斯·貝瑟伍
演員 _ 達科塔·芬妮、昆琳·拉提法、珍妮佛·哈德森

小時候失手殺死母親的少女，逃離父親非人的虐待，救出唯一關心她的年輕褓姆，帶著母親的遺物——黑人聖母像，循著聖母像底下的蜂蜜商標，離家出走來到一處養蜂場，認識了很有個性的三姊妹，發展出一段溫馨感人的友情。

材料（1 個直徑 17cm 的圓形模型）
沙拉油、鮮奶……3 大匙
蜂蜜……1 又 1/2 大匙
低筋麵粉……80g
泡打粉……1/2 小匙
雞蛋（大顆）……3 顆
白砂糖……7 大匙
醋（或檸檬汁）……1/2 小匙

作法
❶烤箱預熱至 175℃，模型不要塗油。鮮奶靜置在室溫下備用。雞蛋分別取蛋白、蛋黃，備用。
❷混合沙拉油、鮮奶、蜂蜜備用。
❸另取一容器充分拌勻低筋麵粉與泡打粉備用。
❹蛋黃和 3 大匙白砂糖倒入圓缽中，用打蛋器充分攪拌。分二三次倒入②。最後再加入③，用攪拌匙均勻攪拌。
❺另取一容器用電動攪拌器打發蛋白，並再加入醋或檸檬汁、2 大匙白砂糖，略為攪拌。最後倒入剩下的白砂糖，一直到蛋白有稠度，用攪拌器拉起不會掉下為止。
❻用橡皮刮刀邊攪拌，邊分三次將⑤倒入④中拌勻，最後倒入模型。先用 175℃的烤箱烘烤 20 分鐘，再轉 170℃烘烤 15 分鐘。最後將模型倒扣靜置冷卻即可。

刺激 1995

蘋果派

🇺🇸 導演 _ 法蘭克・戴瑞邦
編劇 _ 史蒂芬・金
演員 _ 提姆・羅賓斯、摩根・佛里曼、巴布・甘頓

銀行家安迪原本想報復外遇的妻子，但在行動前就打消主意，沒想到妻子和情夫當晚遭人殺害，安迪遂因此被判無期徒刑，進入「鯊堡」監獄。在獄中，他除了和能夠幫忙弄到違禁品的獄友培養交情外，還暗中進行一樁越獄計畫……

材料（1 個直徑 21cm 派盤）
蘋果（較為酸甜品種）……3 顆
奶油……60g　白砂糖……6 大匙
冷凍派皮……3 張（18.5×11cm）
蛋黃……1 顆

作法
❶蘋果削皮後縱切四等分，去芯再各自縱切四等分薄扇形。烤箱預熱至 200℃。
❷平底鍋小火煮化奶油後放入蘋果片煎煮。待水分收乾，加入白砂糖拌煮。若用的是甜度較高的蘋果，可加一大匙檸檬汁添酸味。待蘋果呈現焦糖色後，平鋪在平盤上放冷備用。
❸一張派皮切半，距離派邊約 1cm 處抹上蛋汁；疊上一張完整派皮，做成一張半大小。如此重複共製作兩張。再分別用擀麵棍擀成比模型稍微大一點的派皮。
❹一張派皮鋪在模型上，用叉子戳幾個洞，再鋪上蘋果餡。接著覆蓋另一張派皮，切掉多餘派邊，再用叉子按壓派邊固定。表面輕劃幾刀後抹上蛋汁。
❺放入 200℃的烤箱中烘烤 20 分鐘，再轉 180℃烘烤 25 分鐘即可。

若想要蘋果的味道濃一點，可趁覆蓋派皮之前，依個人口味在派皮上撒一些肉桂。

材料（15 個直徑 4 ～ 5cm 的圓形模型）
乾酵母……1 小匙　雞蛋……1 顆
砂糖、蜂蜜……各 2 大匙
牛奶……120cc（溫熱 40℃）
荳蔻……10 粒　奶油……30g
高筋麵粉……240g　低筋麵粉……60g
炸油、白砂糖、肉桂粉……各適量

作法
❶ 奶油靜置於室溫下；荳蔻去皮，取出黑籽切碎；白砂糖、肉桂粉充分混合。
❷ 圓缽放入乾酵母、砂糖與蜂蜜略為攪拌後倒入牛奶續攪，再加入雞蛋、小荳蔻拌勻。
❸ 高筋麵粉和低筋麵粉充分混合後，倒入②，揉製 4 ～ 5 分鐘。
❹ 加入奶油後，揉製成麵糰。將麵糰放入乾淨容器，覆上保鮮膜，靜置溫暖處 40 ～ 60 分鐘，直到麵糰發酵成兩倍大。
❺ 工作台上撒點麵粉，麵糰擀成約 1cm 厚，再用圓形模型切塊後排放在平盤上，蓋上溼布，靜置溫暖處 15 分鐘。
❻ 用 170℃ 油炸到表面呈焦黃色，再裹上事先調製好的白砂糖與肉桂粉即可。

卡拉絲：
最後的戀曲
甜甜圈

導演 _ 喬吉奧·卡皮塔尼
編劇 _ 勞拉·伊波利蒂、莫拉·努切泰利
　　　里亞·塔弗里
演員 _ 路易莎·拉涅瑞·賽琳娜·奧代瑞

描述二十世紀最偉大的女高音，瑪麗亞·卡拉絲，與船運大亨相戀，一段充滿激情與愛憎的故事。

邊用手輕壓，邊刨冰，光看就叫人忍
不住流口水。拍攝時，還加了點煉
乳，變化一下口味。

樂活俱樂部

紅豆刨冰

● 導演 _ 荻上直子
編劇 _ 荻上直子
演員 _ 小林聰美、加瀨亮、市川實日子

描述五個性格相異的人，不約而同在一個純樸的南方小島相遇。「有消暑的刨冰喔！」悠閒的小島每到春天就聽得到這樣的叫賣聲。在南國的海邊吃一碗淋上糖漿的刨冰，感覺整個人彷彿被春風融化似的。

材料（1人份）
紅豆……150g
清水……適量
砂糖、紅砂糖……各4大匙
鹽……1小撮
糖水……20cc
冰……適量

作法
❶紅豆洗淨後用溫水浸泡二個小時。
❷將①倒入鍋中，加入適量清水，淹過紅豆2～3cm高，開中火燉煮。待煮沸後，再倒入2杯清水，轉小火續煮7～8分鐘即可關火放涼。
❸紅豆過篩瀝乾煮汁，過篩的紅豆略洗去表面雜質後再倒回鍋裡，加入適量清水，淹過紅豆2～3cm高，開中火烹煮。
❹待煮沸後，轉小火續煮60～90分鐘，再加點水，煮到紅豆變爛為止。
❺少量倒掉煮汁，不要淹過紅豆，分三次（每次間隔5分鐘）加入砂糖與紅砂糖。待煮汁變得黏稠後，再加點鹽後即可關火放涼。再放入冰箱冷藏。
❻盛一碗冷卻後的⑤，刨一碗冰，淋上些許糖水，就是沁涼的刨冰。

艾蜜莉的異想世界

烤布蕾

■ ■ 導演 _ 尚・皮耶・居內
編劇 _ 吉約姆・羅蘭・尚・皮耶・居內
演員 _ 奧黛莉・朵杜・馬修・卡索維茲

巴黎蒙馬特的咖啡館女侍、不擅與人交際的
怪怪美少女艾蜜莉，獨自住在五樓小公寓。
一天，她發現浴室裡藏了個四十年前小男孩
的聚寶盒，想將這個意外發現的百寶箱送還
給箱子的主人，於是展開一段尋找箱子主人
的奇趣過程。

材料（3 個直徑 9cm 的小碗）
蛋黃……3 顆
牛奶……70cc
生奶油……140cc
白砂糖……2 大匙
香草莢……1/3 根
紅砂糖（或三溫糖）……適量

作法
❶ 烤箱預熱到 170℃。
❷ 牛奶、生奶油、白砂糖、香草
莢等，放入鍋中，開小火烹煮，
煮到白砂糖融化為止。記得保
持 50℃左右的溫熱狀態。
❸ 蛋黃充分打勻倒入②續攪拌
後，過篩濾入一個個小碗中。
❹ 將③擺放在烤箱平盤中，平盤
上倒點開水，用 170℃烘烤 30
～ 40 分鐘。稍微放涼後，再
放入冰箱冷藏。
❺ 要吃的時候，撒些紅砂糖，再
用噴槍將表面烤到呈現五～七
分焦狀，千萬不要烤過頭。

家裡若沒有噴槍，可以用烤魚的烤網
開中火烘烤約 5 分鐘，效果也不錯。

記得邊用咖啡匙攪拌咖啡，邊享用，讓煉乳的滑順口感與濃縮咖啡的香醇，充分融合。

情書
煉乳咖啡＆椰子薄餅

導演 _ 帕昂·怡彤泰利
編劇 _ 康迪·雅圖勒薩
演員 _ 安妮·彤帕拉松、亞達蓬·提馬孔

曼谷上班的 Dew 因參加葬禮來到清邁與住在鄉下的青年 Ton 一見鐘情，開始了遠距離戀愛。不久兩人結婚後，Ton 卻不幸因病去世。一個月後，女主角竟然收到一封來自丈夫的信。

材料

煉乳咖啡（**2 人份**）
煉乳……2～4 大匙
濃縮咖啡粉……3 大匙
熱開水……1 又 1/2 杯
椰子薄餅（**6 片**）
糯米粉……100g　椰奶……3/4 杯
椰子絲……1 大匙
砂糖……2 又 1/2 大匙　油……適量

作法

煉乳咖啡
❶ 適量熱開水注入兩個玻璃杯和沖泡越南咖啡用的濾杯中，保持溫熱狀態。
❷ 在兩個玻璃杯裡加入 1～2 大匙煉乳。
❸ 濾杯疊放在玻璃杯上，先倒入一半的咖啡粉後蓋上杯蓋，輕輕壓住。接著再注入一點開水，再蓋上杯蓋，燜 20～30 秒後，再將剩下的開水倒入。再以同樣的步驟調製第二杯。

椰子薄餅
❶ 將除了油以外的材料全部混合均勻。
❷ 起油鍋熱油，倒入約半顆雞蛋大小的①，然後攤平成約 5cm 大的圓形，小火煎到兩面呈焦黃色即可。

貧賤夫妻百事吉
巧克力餅乾

🇺🇸 導演 _ 伍迪·艾倫
　　編劇 _ 伍迪·艾倫
　　演員 _ 伍迪·艾倫、崔茜、鄔嫚、麥克·哈伯特

雷·溫克爾因搶劫銀行而入獄，出獄後仍念念不忘這樣刺激、快速的賺錢方式。他在銀行附近租一間小店，準備挖地道，搶銀行，沒想到小店卻成了生意興隆的糕餅店。搶劫與經營糕餅店究竟哪一個比較有賺頭呢？

材料（4 人份）
無鹽奶油……100g
雞蛋……1 顆
白砂糖（或是砂糖）……4 大匙
低筋麵粉……140g
泡打粉……1/2 小匙
鹽……1 小匙
切塊巧克力……60g

作法
❶奶油放置在室溫下解凍備用。烤箱預熱到180℃。
❷奶油倒入大圓缽中，用打蛋器攪拌後加入白砂糖打發，並依序加入雞蛋、鹽，混合均勻，
❸用橡皮刮刀邊充分攪拌低筋麵粉和泡打粉，邊加入一半的❷，混合均勻後再加入剩下的❷和巧克力塊拌勻。
❹烤盤鋪上烘焙紙，用湯匙舀❸的麵糊，間隔排放在烤盤上，用叉子輕壓攤平。
❺放入預熱180℃的烤箱烘烤10分鐘，再轉160℃烘烤4～5分鐘。烤好後放在篩網上冷卻即可。

工作日記

我喜歡料理美食，也喜歡大啖美食

Feb 27

餐桌是電影中的
重要配角

今天是電影《南極料理人》的開拍日。雖然我不是導演，卻忙著和時間賽跑，因為料理場景的拍攝準備工作，非常重要。

由於腳本上只寫著「看起來非常美味的晚餐」，所以我必須邊想像這場戲的意義，邊發想菜單。例如，若是家裡有正值發育期的男孩子，那就來一道炸物和加了很多肉的炒青菜吧？既然媽媽不在家，晚餐不太可能會出現牛肉濃湯吧？不然就是，夏天若能來道清涼的流水麵，再適合不過了……為什麼這場戲會出現這道料理？我希望能夠先說服自己，再來說服導演、觀眾。

我每次進攝影棚之前，都會先去附近的超市補貨，因為有時重拍好幾次，食材難免不夠。總不能因為沒有炸豬排用的豬肉，而影響拍攝進度吧。

March 20

一次要做
十七個戚風蛋糕的
艱鉅挑戰

這一天在工作室進行試做與準備。

為了拍攝《電影食堂》中的戚風蛋糕（P.088），以及記錄食譜，我嘗試將雞蛋與麵粉的調配量做了些調整，結果一共做了十七個。記得製作那道貓村小姐的炒飯（P.045）時，也是反覆調配了好幾次橄欖油、麻油、奶油的比例，結果吃得肚子好脹。最後總算皇天不負苦心人，讓我成功研製出最美味的食譜。

我常得準備好食譜，迎接明天的廣告拍攝工作。因為必須用到大量特定部位的肉，所以要趁食材還有供應時，多買一點才行。我最常去市中心某間高級超市購買肉品和蔬菜。超市人員知道這些肉品是為了拍攝用的，都會因應我的要求，精準地切成 2mm 厚的薄肉片。畢竟食材只要有一點誤差，呈現出來的樣子就會不

Apr 15

廣告拍攝從早到晚，
忠實呈現美味的料理

從我以助手身分進入廣告業界，轉眼已經十八年。最高紀錄曾一年參與八十支廣告的拍攝工作。

必須在短短 15 秒，讓人留下美味的印象。像是放些什麼食材、味道、口感等……讓觀眾立即能感受到美味，加深觀眾的印象。

廣告拍攝工作十分繁瑣，時間也不太固定，從早上 10 點拍到凌晨 3、4 點是常有的事。有時候因為隔天早上還有別支廣告要拍攝，必須事先準備好食材和餐具，所以常常忙到睡眠不足。

正因為這份工作很辛苦，因此聽到這樣的回應：「因為那部廣告看起來很好吃，所以我就買了。」總是令我開心不已。

一樣，所以就算價錢稍微貴一點，還是划算的。魚的話，則是趁拍攝前去趟築地市場，挑選新鮮的魚貨。

拍攝廣告時，我一定會帶著木匠師傅才會用的道具箱。箱子裡除了有刷子、玻璃吸管、量匙等道具外，還有炸東西時，放入高溫油中測溫的溫度計。

電影食堂的製作點滴

《超速先生》薑餅
重現想挑戰摩托車速度世界紀錄的紐西蘭老爹，所蓋的摩托車小屋場景。除了看起來有點年代的桌子和餅乾罐，還特地找來幾本舊書當作擺飾。

《樂活俱樂部》島伊勢蝦與啤酒
因為參與拍攝啤酒廣告的關係，學會倒啤酒時，如何倒出綿密氣泡的訣竅，這可是商業機密呢！

《廚房故事》生日蛋糕
一般蛋糕都是吹完蠟燭後，切一切就吃了。不過我很貪心地拍了好幾張，上面那張照片就是切開後，蠟燭還點著的樣子。

《老師的提包》湯豆腐
在湯裡撒點鹽，豆腐比較不會變硬，湯汁的美味也才能滲入豆腐裡。果然每道料理都有它的美味祕訣。

June 24

難得休假日，享受一頓美味的早午餐

我常去距離工作室約 10 分鐘車程的學藝大學商店街「山六乾貨·東京店」（www.yamarokuhimono.co.jp）採買乾貨。這家店的竹筴魚乾非常好吃，甜鹹鮭也很美味，用來包飯糰（P.022）超美味。剛煮好的飯，配上熱呼呼的味噌湯，買來的竹筴魚乾等，以及用從同一條街的蔬果店買的菠菜所做的燙青菜，就是我的豐盛早午餐，這時候就會覺得身為日本人真幸福啊！雖然還是有點睏，但得趕工寫書才行，還要確認一下《電影食堂》裡提到的電影⋯⋯

山六乾貨店

July 20
利用類似的餐具，
飛進電影裡的世界

为了拍攝在《AERA》上連載的「電影食堂」，我去了一趟位於原宿、專門出租拍攝道具的店「onthetable」。雖然這家店有三層樓，陳列了高達九萬多種餐具，但因為常光顧的關係，所以什麼東西擺在哪裡，我都一清二楚。我用數位相機拍下電影裡的場景，在記事本上畫插圖，然後在店裡尋找類似的餐具。為了重現好味燒店（P.074），我和助手還跑了一趟美術道具店，租了幾片看起來很有年代感的隔板。因為體積太大，沒辦法直接帶回來，只好宅配。然後匆忙地趕回工作室，開始試做。

July 21
歡迎光臨
《電影食堂》

終於要開始進行《電影食堂》的拍攝工作了。

除了一些外景部分，其他都是在我的工作室進行拍攝。貼壁紙、架隔板、舖桌巾、擺放小道具和餐具，忠實地重現電影場景。拍攝炸年糕時（P.053），我特地借了古早時代用

的流理台，重現昭和時代的廚房風情。拍攝田園沙拉時（P.047），則是特地從廣島縣借來當作盤子用的仙人掌。

總之，就是要想辦法弄到和電影場景中很像的道具。拍攝好味燒時（P.074），因為找不到接瓦斯爐用的橘色塑膠管，只好在白色塑膠管上包一層橘色的紙。貓村小姐的炒飯（P.045）上那面旗子是我畫的，很有意思吧？

有別於拍攝一般料理，《電影食堂》這本書不但要拍出美味感，還要營造出電影裡的氣氛。遇到以鄉下為故事背景的電影，就要強調溫馨感；遇到驚悚類型的電影，整個氣氛就要比較昏暗一些。有時要拍出準備開動的感覺，有時要拍出吃得很凌亂的樣子。正因為我也參與過這些電影的製作，所以更不能破壞影迷對於電影的印象。

拍攝完後便是試吃時間。看起來很美味，吃起來更是叫人感動！電影裡的餐桌瞬間成了真正的餐桌。春天時，工作室外美麗的櫻花美景，彷彿電影裡的某個場景。

難忘場景
我奉為座右銘的台詞與橋段

““《香料共和國》
就像香料能決定料理的味道，
最重要的東西往往隱藏在肉眼看不見的地方””

少年從外公身上學到香料的妙用與奧妙的天文知識，然而戰爭卻讓祖孫倆被迫分離。外公用香料比喻人生的這句話，簡單而貼切。另像是：「美女就像既甜又苦的肉桂。」這句台詞也很絕妙。我們平日常用的香料，不單用來調味，也是能夠改變人生的魔法粉末。

““《幸福的彼端》
覺得需要珍惜的東西，
就好好地珍惜吧！””

電影敘述一對夫妻十年來的生活點滴。丈夫一直默默守護包容，因為流產而精神大受打擊的妻子，妻子也逐漸感受到丈夫沒有說出口的溫情。無論是曝露人性的懦弱與醜陋，還是情感的磨合，抑或是溫暖的包容與體貼。許多我們平常一忙起來便容易忘記，或是視為理所當然的事，其實都是最重要的事，這是我看這部電影獲得的感觸。

““《我是海鷗》
這是一部很有趣的療癒系電影””

這是一部由照片構成的靜態藝術電影，也是我從來沒看過的電影類型。沒有半句台詞，而是以朗誦詩的方式敘述這個故事。老實說，我看到一半還有點恍神……其實看這部電影，就像聽著舒服的音樂，能撫慰心靈，也讓我見識到新形態電影的魅力。

““《男人真命苦 39- 寅次郎物語》
你曾有過幾次覺得自己活著真好呢？
人生不就是為了這種感覺而活嗎？””

敘述個性瘋癲的寅先生旅遊各地時，遇到的各種人情故事。從小在柴又長大的寅先生，雖然個性大剌剌的，說起話來卻很有哲理。這幕場景是新年的餐桌，桌上擺滿草糰子、關東煮、橘子，迎接客人到來。寅先生說：「再也沒有比喜歡的東西擺滿一桌，更好的事啦！不是嗎？」讓我領受到千萬不要強迫自己迎合別人，感受到下町的自然生活哲學與溫情。

《內衣小舖》
再一次鼓起勇氣，追求夢想吧！

八十歲的瑪薩一直擔負著沉重的家計，搬到民風保守的小村子後，她無懼村人的閒言閒語，開了一間內衣專賣店，實現年輕時的夢想。不同於年輕人一股腦兒地追求夢想，瑪薩瞭解自己已經走到人生終程，也明白家人很反對，但也更知道要是放棄的話，自己一定會後悔，所以她想實現自己的夢想。只要抱著這股熱情，不管年紀多大都能追求夢想。

《洗澡》
吃的不成問題嗎？應該很吃緊吧！

這是經營澡堂的父親，對兒子們說的話。在一年只下一次雨的中國陝北內地，居民連澡都不太能洗，所以一瓢水的價值相當於一杯糧食。兒子們的母親年輕時的那個年代，新娘在婚禮前夜，才能邊流淚邊用所剩不多的糧食換來的水，洗個熱水澡。讓人明白東西的價值其實不只一種。

《沒有過去的男人》
你要來一趟長途旅行，是吧？
那我幫你做三明治吧！

遭流氓襲擊的男主角失去記憶，身分不明的他只好以貨櫃為家。這樣的他，愛上了加入救世軍的女主角，但其實他早已有家室。當女主角面對即將回到妻子身邊的男主角，她沒有要求男主角不要走，也沒有說會永遠等他，只是平靜地將親手做的三明治交給他。我想女主角的堅強，是因為救世軍這份工作培養出來的吧！正因為這部電影的台詞並不多，所以每一句話都能打動人心。

《口白人生》
我要用甜點構築更美好的世界！

認真拘謹的國稅局查稅員，因為工作的關係，認識了經營麵包店的女主角。很有愛心的她，常常免費送甜點給窮人，還曾經以「該如何構築更美好的世界」為題的論文，攻讀研究所。看到朋友吃著她親手做的甜點，感覺自己也很幸福。想要改變世界，就從改變周遭的事開始做起，她的生活態度真的很令人激賞。

《突破困難！》
有歡笑，有淚水，
讓人身心都隨著音樂起舞

敘述一九六八年在京都，日本高中生與韓國高中生發生激烈衝突。主角邊彈吉他，邊講述日韓交流的種種。第一次被高中生打群架的場面震撼住，也深感人往往會因為一點小事就猛鑽牛角尖的無奈。

索引

結語

自從「電影食堂」開始連載以來，我為了尋找電影裡出現的料理，一年來大概看了大約 140 部電影！有時以二倍速，或是十倍速放著看，有時會等到料理的場景出現時，再從頭觀賞。

於是，我決定一個月試做四部電影裡的料理。其他時間不是窩在圖書館調查鄉土料理相關資料，就是向別人請教自己不太清楚作法的料理，甚至去食堂吃一頓後再向廚師請教。雖然很辛苦，卻也樂在其中。

我最主要的工作是協助廣告、電影方面的拍攝，不過片場工作人員很多，分工又細，所以我只要負責好桌上的料理和餐具就行了。為了拍攝這本書的照片，我和攝影師山崎繪里奈小姐必須共同負責很多工作。從擺在桌上的小東西、舖巾，到布置拍攝場景，還要四處搜尋一些大小道具。

不但要考量預算，還要避免四部電影模擬場景拍出來的感覺都大同小異，所以我們得邊發想拍攝方法、光線、角度等因素，邊準備一些必須用到的東西。多虧山崎小姐的攝影功力，才能每次都拍出不一樣的氣氛。我布置完，透過鏡頭檢視時，都會為呈現在鏡頭前的這一方小世界、電影中的一景，感動不已。書中的場景幾乎都是在我工作室的客廳拍攝完成。所以來我工作室的客人都會驚訝地說：「看不出來幾乎都是在這裡拍攝的呢！」

為了拍攝這本書的照片，我回頭看了很多以前看過的電影，也有了不少意外的發現。明明是過去自己很喜歡的一部電影，重看時卻說不出自己到底喜歡這部電影的哪裡？相反地，以前覺得不怎麼樣的電影，重看時卻有了全新感受。看來，一部電影會隨著觀賞的時間點不同，而有著不一樣的感受。

基本上，我不太敢看恐怖、驚悚電影，況且這類電影的料理場面也不多。所以比較偏好文藝片。建議大家不妨選一部自己喜歡的電影，抱著愉快的心情為你最心愛的人料理一頓美食。然後共享美味，共同感受電影中的美好片段。

這種享受人生的方法，還不賴吧？

2009 年 9 月　　飯島奈美

國家圖書館出版品預行編目 (CIP) 資料

電影食堂 / 飯島奈美著；楊明綺譯.
-- 初版 . -- 臺北市 : 時報文化 , 2014.03
112 面 ;14.8 ╳ 21 公分 . -- (風格生活 ; CWF0010)
譯自 : シネマ食堂
ISBN 978-957-13-5930-4(平裝)

1. 飲食 2. 文集

427.07   103004420

風格生活｜10

電影食堂 シネマ食堂

作　　者—飯島奈美
譯　　者—楊明綺
主　　編—林芳如
責任編輯—王俞惠
封面設計
　　　　—張埑宇
設計排版
執行企劃—林倩聿

董 事 長
　　　　—孫思照
發 行 人
總 經 理—趙政岷
出 版 者—時報文化出版企業股份有限公司
　　　　　10803 台北市和平西路三段二四〇號四樓
　　　　　發行專線—（〇二）二三〇六—六八四二
　　　　　讀者服務專線—〇八〇〇—二三一一七〇五 ·（〇二）二三〇四—七一〇三
　　　　　讀者服務傳真—（〇二）二三〇四—六八五八
　　　　　郵撥——九三四四七二四時報文化出版公司
　　　　　信箱—台北郵政七九～九九信箱

時報悅讀網—http//www.readingtimes.com.tw
電子郵件信箱—big@readingtimes.com.tw
法律顧問—理律法律事務所　陳長文律師、李念祖律師
印　　刷—詠豐印刷有限公司
初版一刷—二〇一四年三月二十一日
定　　價—新台幣二五〇元

CINEMA SHOKUDOU
By Nami Iijima
Copyright ©2009 Nami Iijima
All rights reserved.
Original Japanese edition published by Asahi Shimbun Publications Inc., Japan
Chinese translation rights in complex characters arranged with Asahi Shimbun
Publications Inc., Japan through Bardon-Chinese Media Agency, Taipei.